Karl-Heinz Pfeffer

Arbeitsmethoden der Physischen Geographie

Geowissen kompakt

Herausgegeben von
Hans-Dieter Haas

Karl-Heinz Pfeffer

Arbeitsmethoden
der Physischen Geographie

Die Deutsche Bibliothek verzeichnet diese Publikation
in der Deutschen Nationalbibliografie;
detaillierte bibliografische Daten sind im Internet über
http://dnb.ddb.de abrufbar.

© 2006 WBG (Wissenschaftliche Buchgesellschaft), Darmstadt
Die Herausgabe des Werkes wurde durch
die Vereinsmitglieder der WBG ermöglicht.
Redaktion: Katrin Kurten
Satz: Lichtsatz Michael Glaese GmbH, Hemsbach
Umschlaggestaltung: schreiberVIS, Seeheim
Gedruckt auf säurefreiem und alterungsbeständigem Papier
Printed in Germany

www.wbg-darmstadt.de

ISBN-13: 978-3-534-16477-6
ISBN-10: 3-534-16477-6

Inhalt

Vorwort

Zielsetzung dieses Buches ist, im Rahmen von Fallbeispielen aktuelle Frage-stellungen der Physischen Geographie aufzuzeigen und auf die Methoden zu deren Lösung hinzuweisen. Die ausführlichen Einzeldarstellungen der Me-thoden mit Arbeitsanleitungen würden aber den Rahmen dieses Buches sprengen, deshalb sind in den jeweiligen Textpassagen die Arbeiten und Bü-cher zitiert, in denen die erwähnten Methoden als Arbeitsanleitung beschrie-ben, diskutiert und bewertet werden.

Generell ist vorab festzuhalten, dass es einerseits zu allen Teilgebieten der Physischen Geographie, auch im methodischen Bereich, umfassende und umfangreiche Lehrbücher gibt und andererseits von zahlreichen Verlagen herausgegebene Einführungen, Arbeitsmaterialien und Studienbücher Teile der Physischen Geographie übersichtlich behandeln. Zusätzlich liegt mit dem 2001 erschienenen 4-bändigen „Lexikon der Geographie" (BRUNOTTE et al. 2002) ein alphabetisches Nachschlagewerk vor, das durch die Mitarbeit eines großen und weit gefächerten Autorenkreises aus Fachwissenschaftlern der Geographie und von Nachbardisziplinen umfassend den neuesten Stand der Forschung vermittelt. Ferner sind mit dem vom INSTITUT FÜR LÄNDERKUNDE, LEIPZIG herausgegebenen „Nationalatlas Bundesrepublik Deutschland" im Bereich der Physischen Geographie mit den Bänden „Relief, Boden und Wasser" (LIEDTKE et al. 2003) und „Klima, Pflanzen und Tierwelt" (KAPPAS et al. 2003) die neuesten regionalen und methodischen Forschungsergebnis-se in dem Gebiet der Bundesrepublik hervorragend dokumentiert.

Literaturhinweise

1 Zur Physischen Geographie

1.1 Physische Geographie – eine Naturwissenschaft

Die Physische Geographie mit ihren Teildisziplinen Bodengeographie, Geomorphologie, Hydrogeographie, Klimageographie und Biogeographie ist der **naturwissenschaftliche Teil der Geographie,** der sich einerseits durch Grundlagenforschungen ausweist und in der Interaktion der einzelnen Teildisziplinen die Grundlage der Geoökologie bildet. Andererseits liefert die Physische Geographie in der Vernetzung mit anderen Natur- und Geowissenschaften und mit der Humangeographie Beiträge zum System Mensch–Umwelt und Grundlagen für Regionalstudien, Planungen und praxisorientierte angewandte Projekte.

Grundlagen-forschung und interdisziplinäre Vernetzung

1.2 Methoden in der Physischen Geographie

Die in der Physischen Geographie angewandten Methoden wurden zum Teil in der Geographie entwickelt, aber auch aus den Nachbarwissenschaften werden Methoden für die Lösung physisch geographischer Fragestel-

Geographische und naturwissenschaftliche Methoden

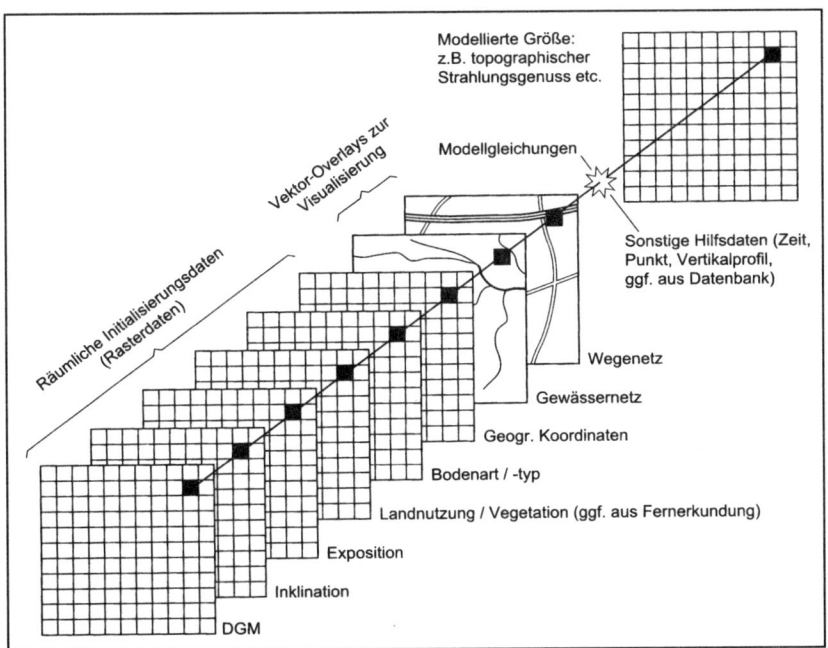

Abb. 1.1: Schema einer GIS-gestützten Analyse in der Geländeklimatologie (BENDIX 2004, S. 223) – Relief, Boden, Vegetation sind in der klimageographischen Analyse integriert.

lungen entnommen. Sie stammen stets aus dem mathematisch-naturwissenschaftlichen Bereich und kombinieren fachspezifische raumbezogene Erhebungen mit hoch technisierter naturwissenschaftlicher Datengewinnung und Analytik, um räumliche Sachverhalte in Karten und Diagrammen sowie Belegen und Auswertungen mittels multivariater Statistik und digitalen Datenverarbeitungen darzustellen.

Neue technologische Methoden

Generell haben sich die Arbeitsschwerpunkte in den letzten 20 Jahren verschoben. Waren bis dahin Arbeiten mit hohem Geländeanteil mit Kartierungen und meist punktuellen Erhebungen oder kurzfristigen Messreihen dominant, so sind durch die Möglichkeiten im Laborbereich, durch die große Zahl von Fernerkundungsdaten und durch die technischen Möglichkeiten, längerfristige und umfangreiche Messreihen durchzuführen und diese unmittelbar im digitalen Bereich zu speichern, neue Arbeitsfelder entstanden, die über GIS flächendeckende Aussagen erstellen sowie Modellierungen zu Erklärungen von Prozessen und Prognosen ermöglichen. Hierbei sind aber vielfach die klassische Trennung der Teildisziplinen und auch die Abgrenzungen zu Nachbarwissenschaften aufgehoben, da GIS-generierte Ergebnisse Betrachtungs- und Datenebenen über die engere Teildisziplin hinaus benötigen.

2 Arbeitsschritte in der Physischen Geographie

2.1 Fragestellung und Zielsetzung

Zu Beginn aller Arbeiten ist die Herausarbeitung einer klaren wissenschaftlichen Fragestellung mit der Dimensionierung des Themas oder des Raumes und der Zielsetzung erforderlich, besonders da naturwissenschaftliche Messreihen und Analytiken in Ökosystemen ebenso wie elektronische Medien stets Daten liefern, die ohne spezifische Fragestellungen mit einem bezugslosen Monitoring zeit- und kostenintensive Datenfriedhöfe produzieren. Fragestellung und Zielsetzung bestimmen den weiteren Gang der wissenschaftlichen Arbeiten, legen die Arbeitsschritte ebenso fest wie der Anteil an Literaturstudien, Geländearbeiten, Laborarbeiten, Fernerkundungen und die Auswertungen und Darstellungen der Ergebnisse.

Voraussetzungen für wissenschaftliches Arbeiten

2.2 Bestandsaufnahme und Auswertung von Unterlagen

Erster Arbeitsschritt zu jedem wissenschaftlichen Projekt ist die Ermittlung des **Standes der Forschung**. Die hierzu nötigen **Literaturrecherchen** müssen heute zweigleisig durchgeführt werden. Bis zum Beginn der 90er Jahre des letzten Jahrhunderts wurden Publikationen in **Bibliographien** erfasst, und Karteikästen mit Sachverzeichnissen, Regionalstichworten und Autorenverzeichnissen in den Bibliotheken führten zu den Publikationen. Seit Anfang der 1990er Jahre werden Neuerscheinungen in **elektronischen Katalogen** erfasst, die Altbestände sind je nach Bibliothek unterschiedlich weit zurückreichend aufgearbeitet und in den elektronischen Bestandskatalog eingearbeitet. Zusätzlich bietet das Internet über die Suchmaschinen die Möglichkeiten zur umfassenden Information, wobei aber beim Aufrufen von Datenbanken oder Literaturlisten unbedingt auf die Quelle zu achten ist, da die Spannweite von Beiträgen international renommierter Institute über nicht von Fachleuten rezensierten Beiträgen bis hin zu unkorrigierten, auch fehlerhaften Seminarreferaten mit Nichtangabe von Primärquellen reicht.

Literaturbeschaffung

Die Literaturbeschaffung kann klassisch in den Bibliotheken erfolgen, aber auch über die elektronischen Medien. Die elektronischen Kataloge vieler Bibliotheken können eingesehen werden, Campuslizenzen von Verlagen erlauben den kostenfreien Abruf von Fachzeitschriftenartikeln, ferner können einzelne Artikel kostenpflichtig per E-Mail abgerufen werden. Über den **Dokumentenlieferdienst** internationaler Bibliotheken Subito (www.subito-doc.de) können Benutzer Kopien von Zeitschriftenaufsätzen sowie Teile aus Büchern recherchieren und bestellen.

Topographische und thematische Karten, Luftbilder und Datensätze finden sich in den Sammlungen von Bibliotheken und Instituten, wobei auch neben den geographischen Einrichtungen geologische, bodenkundliche, meteorologische und forstwissenschaftliche Institute und Dienste sowie

Karten-/ Bildbeschaffung

auch die naturkundlichen Museen einbezogen werden sollten. Datensätze zu Klima und Hydrologie können bei staatlichen Institutionen, Umweltverbänden und bei Zweckverbänden der Wasserversorgung erworben werden, wobei hier aber recht hohe Kosten entstehen können.

Karten und Luftbilder liegen in der Regel als klassische analoge Hardcopies vor, aber neuerdings gibt es auch die Möglichkeit, Karten und Luftbilder in digitaler Form in unterschiedlicher Auflösung bei den jeweiligen Landesämtern zu erweben. Entsprechende Verzeichnisse lassen sich auf den zugehörigen Internetseiten finden. Für den Erwerb selbst ist gegenüber den Urhebern die Verwendung nachzuweisen, und erst nach Unterzeichnung eines Nutzungsvertrages mit nicht geringer, nach der Verwendung gestaffelter Kostenerstattung kann über die Daten verfügt werden. **Satellitendaten** werden von Satellitenbetreibern als multispektrale Aufnahmen und auch als Radaraufnahmen in unterschiedlicher Auflösung und Zeitschnitten angeboten und sind durch den hohen technologischen Aufwand sehr teuer. Generell gilt, dass über Internetsuchmaschinen ein breites Spektrum zu vorhandenen digitalen Daten, zu Bildmaterial und Bezugsquellen gefunden werden kann.

Für die Bearbeitung der digitalen Datensätze ist neben einer guten Hardware auch entsprechende Software mit teuren Jahreslizenzen erforderlich, die aber in den Zip-Pool-Einrichtungen der Universitäten teilweise zugänglich sind.

Weiterführende Literatur

Für die **Auswertung Topographischer Karten** sei auf HAGEL 1998 und HÜTTERMANN 1993, für **Geologische Karten** auf BENNISON/MOSELEY 1997, BLASCHKE et al. 1989 und VOSSMERBÄUMER 1991 verwiesen. Grundlagen und Beispiele für die Auswertung von **Luftbildern und Satellitenaufnahmen** enthalten ALBERTZ 2001 und LÖFFLER et al. 2005, für multivariate Statistik BAHRENBERG et al. 2003 und für **GIS**-Auswertungen, -Darstellungen und -Modellierungen ASCH 1999, DIKAU/SAURER 1999 und SAURER/BEHR 1997, sowie die jährlichen Publikationen der Symposien für angewandte Geoinformatik (AGIT) des Zentrums für Geoinformatik der Universität Salzburg (www.zgis.at).

2.3 Geländearbeiten

Trotz der Verlagerungen der Arbeitsschwerpunkte durch Fernerkundung, GIS und Modellierungen stellen Geländearbeiten aber immer noch einen wesentlichen Bestandteil in physisch-geographischen Studien dar. Sie dienen einerseits wie eh und je dazu, Sachverhalte vor Ort zu **kartieren** oder mittels – neuerdings durch GPS eingemessenen – Punktdaten bei **Bohrungen, Grabungen, Aufschlüssen, Aufnahmeflächen und Messfeldern** zu erkunden und diese dann in Protokollen und Karteneinträgen zu fixieren. Für Fernerkundungen dient das Gelände als Trainingsgebiet und zur Eichung, im Rahmen von **Messfahrten** und **Einrichtungen von Messfeldern** und Messpunkten mit **Datenaufzeichnungsgeräten** können raum- und zeitbezogene Phänomene quantifiziert werden.

Geländearbeiten müssen sorgfältig vorbereitet werden, da Versäumnisse meist nicht korrigierbar sind. Zusätzlich zu den rein wissenschaftlichen Vorbereitungen sind Informationen zur Infrastruktur der jeweiligen Regionen und persönliche Reisevorbereitungen (Gesundheitsvorsorge, Reisedokumente) erforderlich. Dazu gehören Fahrerlaubnisse für gesperrte Wege, Erlaubnis für das Betreten von Privatbesitz, die Erlaubnis zur Einrichtung von Messstellen oder zur Entnahme von Pflanzen- und Bodenproben (bei Auslandsarbeiten eventuell eine Aus- und Einfuhrlizenz). Hilfreich sind bei Auslandsarbeiten Kooperationen mit lokalen Institutionen oder Fachkollegen.

Für die aktuellsten Vorbereitungen stehen die Suchmaschinen des Internets zur Verfügung, vor Ort sind Kontakte zu Behörden und Eigentümern hilfreich und verhindern unangenehme Verzögerungen oder im schlimmsten Fall sogar den Abbruch der laufenden Geländearbeiten.

Im Gelände können bei bodengeographischen, geomorphologischen oder biogeographischen Arbeiten Belege für die Dokumentation gesammelt oder Beprobungen für weiterführende Laboruntersuchungen entnommen werden.

Vorbereitung von Geländearbeiten

2.4 Laborarbeiten

Laborarbeiten liefern Daten, die entweder Geländearbeiten ergänzen, verifizieren und quantifizieren sowie zeitliche Einordnungen liefern oder aber für GIS-Arbeiten und -Modellierungen neue Datenebenen darstellen. Die Laboranalytik ist zum Teil traditionell „einfach", moderne Fragestellungen erfordern aber Hightech-Laboreinrichtungen, so dass ein Teil der Analysen in eigenen Institutslaboratorien ausgeführt werden können aber vielfach auch Analysen im Lohnauftrag an Speziallabors vergeben werden müssen. Beides erfordert aus Zeit- und noch mehr aus Kostengründen eine strikt auf die Fragestellung und Zielsetzung ausgerichtete Analytik.

Analyse

2.5 Auswertungen und Ergebnisse

Alle in den einzelnen Arbeitsschritten gewonnenen Befunde und Teilergebnisse münden in integrativen Auswertungen, entweder klassisch in Karten oder Diagrammen oder in GIS-generierten Raummustern und Modellierungen. Letztlich sind die Ergebnisse mit dem Stand der Forschung zu vergleichen.

Positionierung

3 Bodengeographie

3.1 Aufgaben und Ziele

Der **Boden** stellt die oberste Schicht der Landoberfläche dar und ist das Ergebnis von Wechselbeziehungen der Faktoren Relief, Klima, biologisches Leben, Ausgangsgestein und Zeit sowie vielfach der Veränderungen durch menschliche Aktivitäten. Er ist in Horizonte gegliedert, die zusammen ein Profil unterschiedlicher Mächtigkeit bilden.

Die **Bodengeographie** untersucht die räumliche Differenzierung der Böden und deren Ursachen sowie deren Stellung und Rolle im Landschaftskomplex. Die Bodengeographie ist sowohl ein Teilgebiet der Physischen Geographie als auch der eigentlichen Bodenkunde. Daher sind in den spezifischen Lehrbüchern der Bodenkunde (KUNTZE et al. 1994, REHFUESS 1990, SCHEFFER/SCHACHTSCHABEL 2002) bereits viele Sachverhalte, allerdings meist unter agrarwissenschaftlichen Gesichtspunkten, integriert, während dann in bodengeographischen Lehrbüchern (EITEL 2001, GANSEN 1972, SEMMEL 1991 u. 1993, SCHRÖDER/BLUM 1992) geowissenschaftliche Sachverhalte eingearbeitet sind.

Untersuchungs-gegenstand In der Bodengeographie sind im Bereich der **Grundlagenforschung** bodenbildende Faktoren und Bodenzonen der Erde Schwerpunktthemen, wobei auch paläökologische Fragen zu Relief- und Bodenentwicklungen Arbeitsfelder sind. Im **angewandten Bereich** werden die Böden als landschaftsökologischer Bestandteil unter den Gesichtspunkten Ressourcen und Schutzgut sowie als Puffer und Senke für Schadstoffe behandelt.

Die **Methoden der Bodengeographie** sind einerseits eng auf das System Relief–Boden bezogen (BREMER 1995, SEMMEL 1991 u. 1993) und finden andererseits sowohl im Gelände als auch im Labor die in der bodenkundlichen Kartieranleitung (AG BODEN 2005) und nach DIN-Normen festgelegten Verfahrensvorschriften im Handbuch der Bodenuntersuchungen (BLUME 2002) sowie in einem bodenkundlichen Praktikumsbuch (SCHLICHTING et al. 1995) dargestellten Methoden eine Anwendung.

3.2 Fallstudie: Böden und Ausgangsgestein

Bedeutung des Ausgangsgesteins Für die Beurteilung der Genese der Böden, für Stoffumsatzbilanzierungen und deren Stellung im Rahmen einer zonalen Bodenkunde oder deren paläoklimatischer Zeigewert im Rahmen der Reliefentwicklung ist es entscheidend festzustellen, ob sich ein Boden aus dem anstehenden Gestein entwickelt hat, oder ob frisches oder andernorts bereits verwittertes Fremdmaterial eingetragen wurde.

Bereits bei der Profilbeschreibung vor der eigentlichen **Bodenaufnahme** mit den genormten Vorlagebögen (Abb. 3.2) ergeben sich wesentliche Informationen. Beobachtungen der **Verwitterungsfront** und der Verlauf

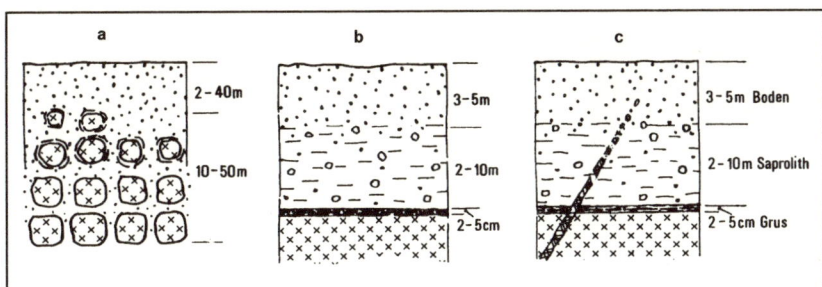

Abb. 3.1: Unterschiedliche Formen der Verwitterungsfront – a) Verwitterung mit Wollsackbildung, b) schneller Übergang vom Saprolith zum festen Gestein, c) Übergang variiert durch Quarzgänge (BREMER 1995, S. 88).

eventuell vorhandener harter Gesteinsschichten sowie Quarz und Erzgänge geben Auskunft, ob ein Profil direkt aus dem in der geologischen Karte ausgewiesenen anstehenden Gestein entstanden ist.

In Mitteleuropa ist das in der geologischen Karte ausgewiesene anstehende Gestein mit überwiegend nicht in der geologischen Karte ausgewiesenem Lockermaterial überzogen, in dem sich die Böden entwickelt haben. Lockermaterial, das sich in **Lagen** mit unterschiedlichem Skelettgehalt (Grobboden über 2 mm) und in Feinerde (Korngröße unter 2 mm) mit unterschiedlicher Körnung trennen lässt. Die bodenkundliche Kartieranleitung in der 5. Auflage (AG BODEN 2005) empfiehlt eine faziesneutrale Beschreibung des oberflächennahen Untergrundes. | Bedeckung durch Lockermaterial

Bisher verwendet aber die gesamte Literatur den Begriff der Lagen (AG BODEN 2004), die in Mitteleuropa periglaziären Ursprungs sind (SEMMEL 1985).

Mineralanalysen zeigen, ob in den Böden Minerale vorhanden sind, die man in dem anstehenden Gestein nicht antrifft. Besonders **Schwermineralanalysen** sind dafür geeignet. Hierzu wird ein mit Säure von Verkrustungen gereinigtes Körnerpräparat (Korngröße 2 – 0,06 mm) im Scheidetrichter in eine Schwerelösung (Natriumpolywolframat) gegeben und die sedimentierten Schwerminerale mit einer Dichte von über 2,9 g/cm^3 werden nach Fixierung auf einem Objektträger mikroskopisch bestimmt (BOENIGK 1983). Der Vergleich zwischen anstehendem Gestein und Bodensubstrat klärt die Frage nach dem Ausgangssubstrat der Bodenbildung. | Vergleich des Bodensubstrates mit dem anstehenden Gestein

Titeldaten

| TK-Nr. 1 | Projekt-Nr. 2 | Profil-Nr. 3 | Datum der Aufnahme Tag 4 Monat Jahr | Bearbeiter 5 | Rechtswert Hochwert 6 | Höhe über NN 7 | Aufschlussart/Aufnahmeintensität/Probenahme 8 9 | Bemerkungen 10 |

Aufnahmesituation

| Neigung 11 | Exposition 12 | Wölbung / Relief Reliefformtyp 13 | metrische Angaben zum Reliefformtyp 14 | Mikrorelief 15 | Lage im Relief 16 | Bodenabtrag/auftrag 17 | Nutzungsart/Versiegelung 18 | Vegetation und Bedeckungsgrad 19 20 | Witterung 21 | anthrop. Veränd./bautechn. Maßn. 22 | Bodenorganismen 23 | Bemerkungen 24 |

Horizontbezogene Daten I — Pedogene Merkmale

Lfd. Nr.	Horizontgrenzen Unter-/Obergrenze (cm) 25 / Form, Schärfe u. Lage	Horizont-Symbol 26	Bodenfarbe 27	Humusgehalt 28 29	Hydromorphiemerkmale oxidativ 30 / reduktiv 31	Bodenfeuchte 32	Konsistenz 33	sonstige pedogene Merkmale 34	Bodengefüge Gef.form u. Aggr.-größe 35 / Lagerungsart 36	Hohlräume Risse 37 / Poren 38 / Röhren u. Gänge 39	Lagerungsdichte/Substanzvol./Zers.stufe 40	Durchwurzelungsintensität Feinwurzeln 41a / Grobwurzeln 41b
1												
2												

Horizontbezogene Daten II — Merkmale der Substratzusammensetzung

Lfd. Nr.	Substratart	Substratgenese 42 43	Gesamtbodenart Bodenart/Torfart/Muddeart 44a	Anteil am Gesamtboden Grobbodenfraktionen und Anteilsklassen 44b / Summe Skelett (%) 44c	Kohlenstoffgehalt 45	Carbonatgehalt 46	Gesteinskennzeichnung Bodenausgangsgestein 47a / periglaziäre Lagen 47b / Grobbodenkomponenten 47c	Substratinhomogenitäten substanzielle 47d / strukturelle 47e	Stratigrafie 48	Bemerkungen 49	Proben Entnahmeart / Entnahmetiefe (cm) / Nummern gestörter Proben 48 / Nummern ungestörter Proben 58
1											
2											
8											

Profilkennzeichnung

Bodenform Bodensystematische Einheit 50 / Substratsystematische Einheit	Humusform 51	Wasserstand u. GOF GWS 52 / Stand 53a 53b	Vernässungsgrad 54	Erosionsgrad 55	Bodenschätzung 56	weitere Unterlagen 57	Bemerkungen 58

Bodensystematische Einheit: Klasse: / Typ: / Subtyp:
Subtyp: / Varietät: / Subvarietät:

Abb. 3.2: Formblatt für Profilaufnahmen (GOF = Geländeoberfläche) (AG BODEN 2005, S. 46 f., Internet Download: Ad-hoc-AG Boden, Formblatt KA5).

Kryogene Sedimentstrukturen	Allgemeine Sedimentmerkmale	Grobboden (Skelett)	Feinboden
Hakenschlagen Eiskeile, Frostkeile Kryoturbationen	Diskordanzen Lagerungsdichte *(locker, verdichtet, verbacken...)*[1] Farbe *Linsen, Taschen* etc. Sortierung *Steinsohlen Skelettanreicherungen*	Lagerung der Komponenten *(hangparallel eingeregelt,* wirr, *senkrecht, dachziegelartig)* qualitative Zusammensetzung (Provenienz der Komponenten) vertikale Abfolge innerhalb der Lage (Zu- oder Abnahme des Skelettanteils bzw. der Korngrößen) Anteil am Gesamtboden Feinerdehauben *(Schluffkappen)* Unterseite der Komponenten (glatt, Grusbelag, ...) Umhüllung mit Feinerde Morphometrie (Zurundung, ...)	Paralleltextur *(Frostblättrigkeit)* qualitative Zusammensetzung (Provenienz der Komponenten) Korngröße (charakteristische Bodenart) vertikale Abfolge innerhalb der Lage (Zu- oder Abnahme der Korngröße) Fragipan-Effekt[2]

[1] Merkmale, die auf periglaziäre Genese hinweisen, sind kursiv geschrieben
[2] scheinbar zementiertes Material zerfällt durch leichten Druck in seine Einzelpartikel

Abb. 3.3: Merkmalliste zur Beschreibung und vertikalen Differenzierung von Lagen (AG BODEN 2005, S. 178).

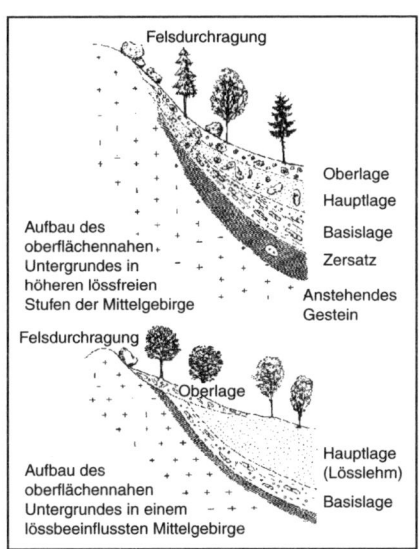

Abb. 3.4: Oberflächennaher Untergrund in den Mittelgebirgen nach SEMMEL, mit Text ergänzt (nach REHFUESS 1990, S. 28).

Bezeichnung der Lage	Kriterien		Geländemerkmale
OBERLAGE (LO)	Verbreitung		Mittelgebirge, Hartgesteinsdurchragungen
	Mächtigkeit		meist < 10 dm
	Körnung		Gesteinsschutt, feinerdearm
	weitere Merkmale u. Besonderheiten		z.T. in Taschen und Keilen ins Liegende reichend, starke Mächtigkeitsschwankungen
HAUPTLAGE (LH)	Verbreitung		oberflächenbildend außerhalb holozäner Abtragung und Akkumulation und der Verbreitung der Oberlage
	Mächtigkeit		in der Regel 3–7 dm
	Körnung	Feinerde	schluffhaltige/ -reiche Feinerde; **bei schluffig-toniger LM bzw. LB:** schluff- u. tonärmer als LM/LB; **bei sandiger LM bzw. LB:** schluff- u. tonreicher als LM/LB;
		Skelett	skelettfrei bis skelettreich; **Mittelgebirge:** deutl. skelettärmer als LO, skelettreicher als LM; **Tiefland:** meist skelettreicher als LM/LB
	weitere Merkmale und Besonderheiten		häufig Steinsohle/Steinanreicherung an der Basis; z.T. in Taschen und Keilen ins Liegende reichend; bei fehlender LM markante Substratunterschiede zur LB
MITTELLAGE (LM)	Verbreitung		im Berg- und Hügelland nur in erosionsgeschützten Positionen, in anderen Gebieten häufig nicht sicher von LH und LB abgrenzbar
	Mächtigkeit		meist < 5 dm
	Körnung	Feinerde	schluffhaltige/ -reiche Feinerde; **bei schluffig-toniger LH:** schluff- u. tonreicher als LH; **bei schluff- u. tonarmer LH und lehmig-toniger LB:** deutlich sandiger als LB;
		Skelett	skeletthaltig bis skelettfrei, in der Regel skelettärmer als LH
	weitere Merkmale und Besonderheiten		häufig Steinsohle/Steinanreicherung an der Basis; z.T. in Taschen und Keilen ins Liegende reichend; Solifluktionsmerkmale; häufig dichter als LH; markante Substratunterschiede zur LB
BASISLAGE (LB)	Verbreitung		fast flächendeckend über von der Lagenbildung unbeeinflussten Gesteinen
	Mächtigkeit		in der Regel 2–10 dm
	Körnung		stark schwankend: von unterlagernden oder in Nachbarschaft hangaufwärts vorkommenden Gesteinen abhängig (auch die Färbung)
	weitere Merkmale und Besonderheiten		Taschen, Keile, Solifluktionsmerkmale, fossile Bodenreste möglich; Längsachsen des Skeletts meist in Hangrichtung eingeregelt; z.T. stark verdichtet gegenüber LH/LM oder liegendem Gestein

Abb. 3.5: Gruppierungen für quartäre Lockergesteine und anthropogene Bildungen (nach AG BODEN 2004, S. 365).

3.3 Fallstudie: Verwitterungsgrad eines Bodens

Die **zonale Bodenkunde** und auch die **Bodenklassifikationen** zeigen, dass die Böden große Unterschiede in den physikalischen und geochemischen Kennwerten aufweisen. (AG Boden 2005, FAO-UNESCO 1988 u. 1991, Zech/Hintermaier-Erhard 2002).

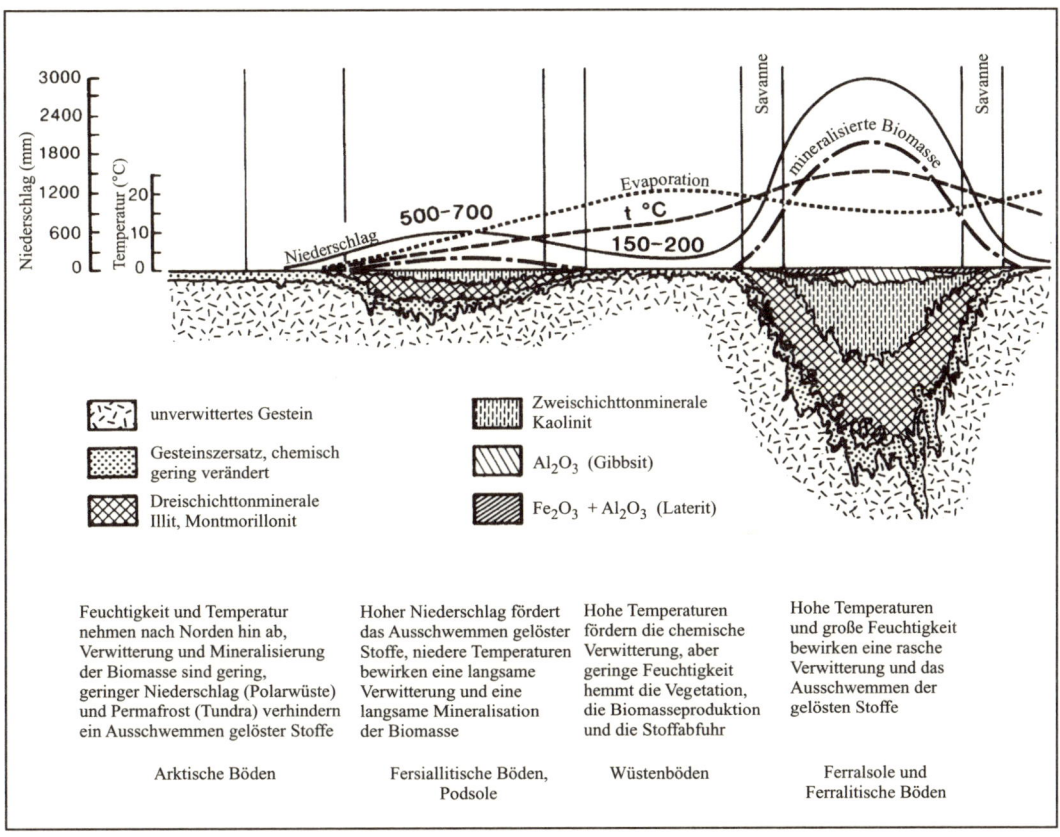

unverwittertes Gestein

Gesteinszersatz, chemisch gering verändert

Dreischichttonminerale Illit, Montmorillonit

Zweischichttonminerale Kaolinit

Al_2O_3 (Gibbsit)

$Fe_2O_3 + Al_2O_3$ (Laterit)

Feuchtigkeit und Temperatur nehmen nach Norden hin ab, Verwitterung und Mineralisierung der Biomasse sind gering, geringer Niederschlag (Polarwüste) und Permafrost (Tundra) verhindern ein Ausschwemmen gelöster Stoffe	Hoher Niederschlag fördert das Ausschwemmen gelöster Stoffe, niedere Temperaturen bewirken eine langsame Verwitterung und eine langsame Mineralisation der Biomasse	Hohe Temperaturen fördern die chemische Verwitterung, aber geringe Feuchtigkeit hemmt die Vegetation, die Biomasseproduktion und die Stoffabfuhr	Hohe Temperaturen und große Feuchtigkeit bewirken eine rasche Verwitterung und das Ausschwemmen der gelösten Stoffe
Arktische Böden	Fersiallitische Böden, Podsole	Wüstenböden	Ferralsole und Ferralitische Böden

Abb. 3.6: Verwitterung und Bodenbildung vom Äquator zum Pol nach Strakhow (nach Thomas 1994, S. 10).

Auch gibt es auf der Erde weit verbreitet Böden, die sich in früheren Epochen der Erdgeschichte bildeten **(Paläoböden)** und die in ihrem Raummuster und Verwitterungsgrad für andere Teildisziplinen der Physischen Geographie wichtige Daten liefern.

Zur Beurteilung eines vorliegenden Bodens (rezenter zonaler Boden – Reliktboden früherer anderer Ökosysteme – anthropogen beeinflusster oder veränderter Boden) ist außer der Ermittlung des Verbreitungsgebietes, den Lagerungsverhältnissen und der Bodenprofilaufnahme die Bestimmung des Verwitterungsgrades eine wesentlich Kenngröße. Der **Verwitterungsgrad** lässt sich über Körnung, geochemische und mineralogische Analysen sowie über Tonmineralneubildungen quantifizieren.

Bodenbeurteilung

Die Verwitterung der Mineralbestandteile des Ausgangsgesteins führt zur Lösung und Zerstörung von Mineralkörnern, zur Abfuhr von Ionen, zur Bildung von sekundären Eisen-, Aluminium- und Kieselsäureverbindungen mit der Neubildung von Ton(-mineralien). Somit ergibt die Körnung (Textur) des Feinbodens (kleiner 2 mm) ein Parameter zum Verwitterungsgrad.

Klassische Texturanalyse

Die **Körnung** wird im Gelände durch die Fingerprobe und im Labor in einer kombinierten **Sieb- und Sedimentanalyse** (SCHLICHTING et al. 1995, TUCKER 1996) bestimmt. Hierzu wird aus der Bodenprobe nach Zugabe eines Dispergierungsmittels eine Suspension hergestellt, die über einen Siebsatz mit abnehmender Maschenweite gegeben wird, der die einzelnen Sandfraktionen (Sand 2–0,6 mm) festhält. Die Suspension mit Teilchen kleiner 0,06 mm wird in einen Schlämmzylinder gegeben und die enthaltenen Teilchen können sedimentieren. Je nach Korngröße setzen sich die Teilchen unterschiedlich rasch ab und durch Entnahme von Proben nach aus Korngröße, Viskosität und spezifischem Gewicht des Bodenmaterials errechneter Absetzgeschwindigkeit können die Schluff- (0,06–0,002 mm) und Tongehalte (kleiner 0,002 mm) berechnet werden. Mittel- und Feinton (kleiner 0,0006 mm) setzen sich nicht ab und müssen, sofern deren Anteil bestimmt werden soll, durch Zentrifugieren der Suspension nach Absetzen der Schluff- und Grobtonfraktion ermittelt werden.

Weitere Analyseverfahren

Neben diesem überwiegend verwendeten Verfahren gibt es noch das **Coulter-Counting**, ein Verfahren, das Messungen im Bereich 0,0005–0,85 mm erlaubt und auf der Änderungsmessung elektrischer Ströme, wenn die zu untersuchende Suspension durch Öffnungen verschiedener Weitungen hindurchströmt, beruht (TUCKER 1996).

Laserbeugung: Ein Nass-Dispergierungsverfahren mit einem Messbereich von 0,01–1000 mm, das darauf beruht, dass das Licht eines monochromen Laserstrahles von Partikeln gebeugt wird. Partikel mit einem großen Radius beugen den Laserstrahl nur wenig und somit in einem kleinen Winkel, während kleinere Partikel Lichtspektren in größeren Winkeln hervorbringen. Die Detektoren nehmen ein Intensitätsbild auf und aus den winkelabhängigen Lichtintensitäten wird die Partikelgröße errechnet (DONGES/NOLL 2002).

Die **Ergebnisse der Korngrößenanalyse** werden entweder in halblogarithmischen **Summenkurven** dargestellt oder nach den Anteilen von Sand, Schluff und Ton einer **Bodenart** zugewiesen. Diese wird nach der jeweiligen Hauptfraktion bezeichnet, die Nebenfraktion bestimmt das Beiwort. Sind nahezu alle Fraktionen gleichrangig, wird die Bezeichnung Lehm verwendet. Die Bezeichnungen sind genormt (AG BODEN 2005).

Auswirkungen auf Minerale

Die **Verwitterung** bricht die Strukturen der primären Minerale im Laufe der Bodenbildung auf und in den Bodenlösungen sind die Hauptelemente Na, Mg, Ca, Fe, Al und Si vorhanden. Diese können in Lösungen abgeführt werden, als pedogene Oxide auskristallisieren oder durch Reaktion untereinander Tonminerale bilden. Welche Verbindungen entstehen, welche Verbindungen angereichert und welche abgeführt werden, ist von dem Zusammenspiel der bodenbildenden Faktoren abhängig.

Somit liegen in einem Boden je nach Verwitterungsintensität eventuell noch unverwitterte Minerale, angewitterte Minerale sowie neu entstandene Verbindungen vor. Geochemische und mineralogische Analysen ergeben weitere Parameter für den Verwitterungsgrad des Bodens.

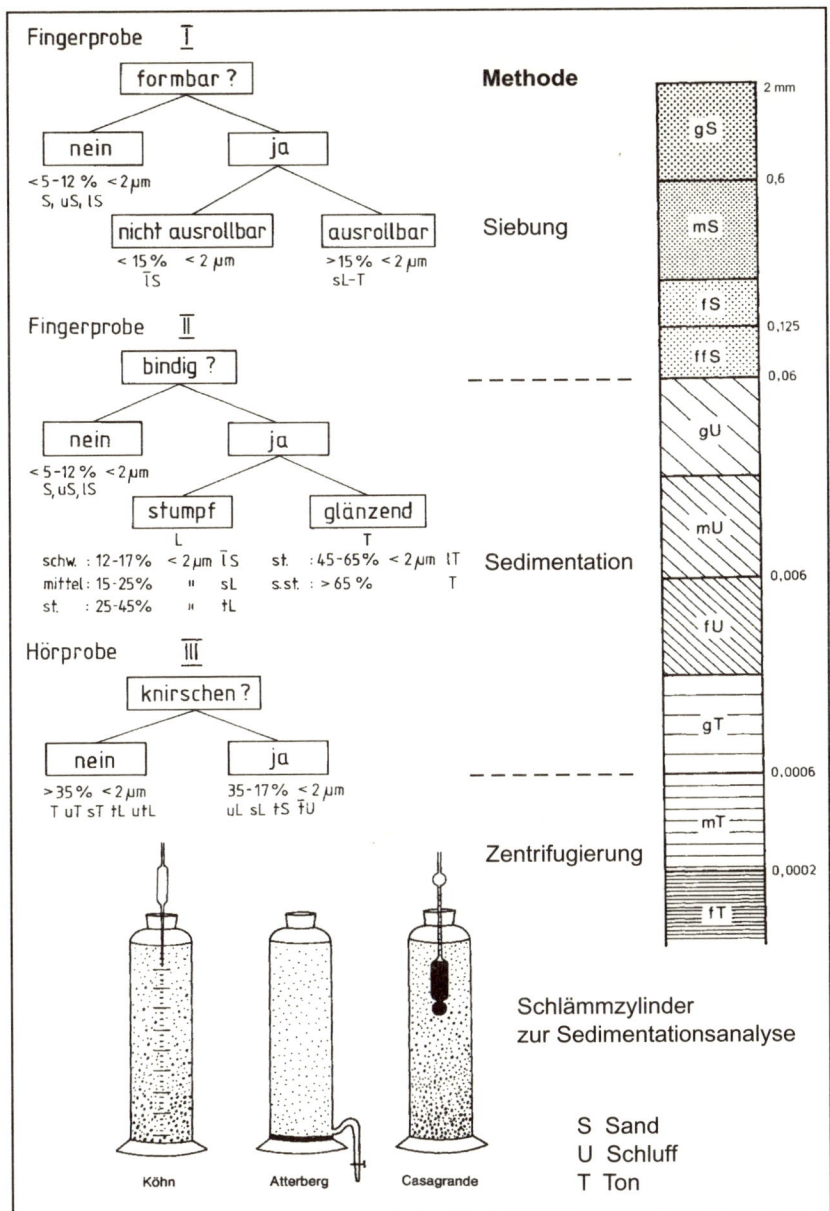

Abb. 3.7: Fingerprobe und kombinierte Sieb- und Schlämmanalyse (KUNTZE et al. 1994, S. 90 u. 93).

Die Gesamtgehalte aller Haupt- und Nebenelemente sowie der Spuren-elemente können direkt aus der Bodensubstanz mittels der **Röntgenfluores-zenzanalyse (RFA)** bestimmt werden. Hierbei wird beim Beschuss einer Probe mit hochenergetischen Röntgenstrahlen eine sekundäre Strahlung erzeugt und emittiert, deren Wellenlänge und Intensität von den getroffe-nen Elementen abhängt. Intensitätsmessungen der charakteristischen Strah-

Verfahren zur Elementanalyse

13

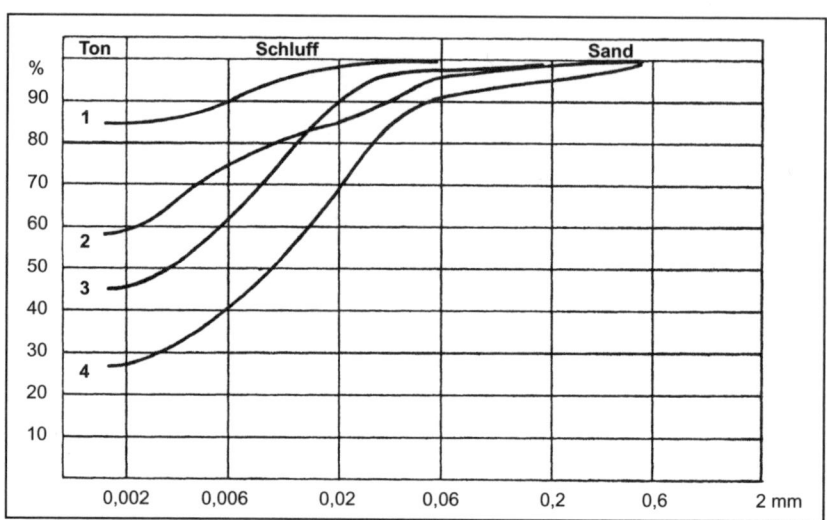

Abb. 3.8: Korngrößensummenkurven – Proben aus Apulien; 1 = tertiärer Rotlehm,
2 = Rezenter Braunlehm, 3 = Kolluvium, 4 = Rendzina
(Entwurf: K.-H. PFEFFER).

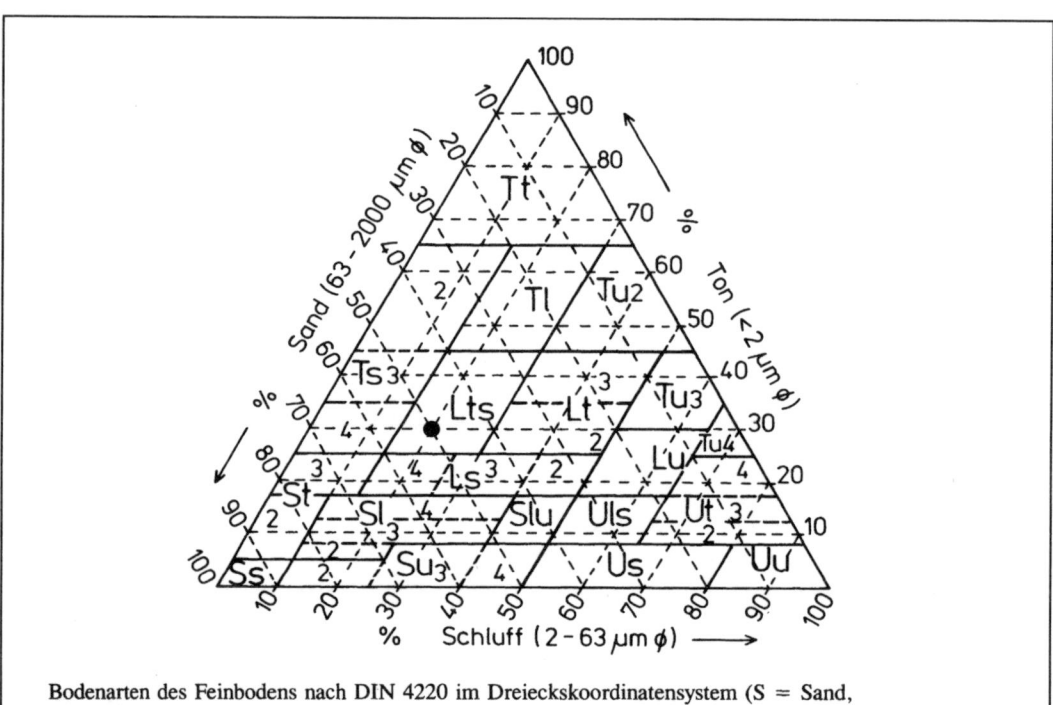

Bodenarten des Feinbodens nach DIN 4220 im Dreieckskoordinatensystem (S = Sand,
s = sandig, U = Schluff, u = schluffig, L = Lehm, l = lehmig, T = Ton, t = tonig, 2 = schwach,
3 = mittel, 4 = stark;
Beispiel: Der Punkt ● entspricht Anteilen von 50 % Sand, 20 % Schluff und 30 % Ton.

Abb. 3.9: Bodenartendiagramm (SCHLICHTING et al. 1995, S. 40).

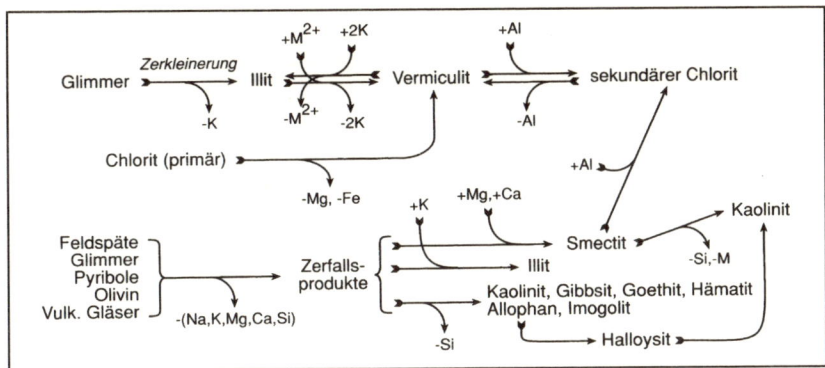

Abb. 3.10: Verwitterung der Minerale, Stoffabfuhr und Neubildungen (SCHEFFER/
SCHACHTSCHABEL 2002, S. 22).

lung der einzelnen Elemente ergeben die Konzentration in der Probe (TU-
CKER 1996).

Aussagekräftiger zum Verwitterungsgrad sind aber Analysen, die nur einzelne im Boden vorhandene Kompartimente erfassen. So können durch
gezielte Aufschlussverfahren nur pedogene Verbindungen aufgeschlossen
werden, während frische Minerale nicht erfasst werden. Durch **partielles
Aufschließen (Eluation, Extraktion)** werden die in den Böden vorhandenen
Substanzen in eine flüssige Phase mit homogener Verteilung überführt.

Selektive Aufschlussverfahren zur Verwitterung (SCHLICHTING et al. 1995):

- mit **Oxalatlösung** (in der Dunkelheit): Dieses Verfahren löst nur amorphes, unkristallisiertes, in Gelform vorhandenes Eisen. „Oxalateisen"
dient dem Kennzeichnen unmittelbar ablaufender Verwitterungsvorgänge
und rezenter Stoffumsetzungen mit Eisenbeteiligung. Nicht aufgeschlossen und damit bei der Analyse nicht erfasst werden bei diesem Verfahren
pedogen entstandenes, aber bereits kristallisiertes Eisen sowie Eisen, das
in Silikaten (z.B. in Augiten, Hornblenden etc.) gebunden ist.
- mit **Dithionit:** Dieses Verfahren löst sowohl amorphes, unkristallisiertes,
in Gelform vorhandenes Eisen als auch pedogen entstandenes kristallisiertes Eisen, gleich ob es in geothitischer (alpha-$Fe^{3+}O(OH)$) oder häma-
titischer (Fe_2O_3) Form vorliegt. „Pedogenes Eisen" dient zum Kennzeichnen aller durch Verwitterungsvorgänge entstandenen Eisenverbindungen.
Nicht aufgeschlossen und damit bei der Analyse nicht erfasst wird bei diesem Verfahren Eisen, das in Silikaten (z.B. in Augiten, Hornblenden etc.)
gebunden ist.
- mit **Natronlauge:** Dieses Verfahren löst amorphe Kieselsäure und Al-Oxide.
- mit **Flusssäure** oder **Soda/Pottasche** im Schmelzfluss: Bei diesem Verfahren wird jegliches vorhandene Fe, Al, Si in die Reaktion einbezogen.
„Gesamt – Eisen, Aluminium, Kieselsäure" wird dann in Relation gesetzt
mit den pedogenen Anteilen.

Weiterhin ist die **Kationenaustauschkapazität** eine Größe, die Hinweise
auf Stoffhaushalt und bodengenetische Vorgänge gibt und die Möglichkeiten zur Abgrenzung von Bodentypen liefert. Für diese Kenngröße genügt
eine Perkolation (Durchseihen) der Bodenprobe mit einer Barriumchlorid-

Analyseverfahren
zum Stoffhaushalt

lösung, um eine Lösung mit den austauschfähigen Ionen von H, Al, Ca, Mg, Na und K zu erhalten.

Die in den Eluaten (herausgelöste Stoffe) vorhandenen Ionen werden je nach Laborausstattung mit Flammenphotometer, spektraloptischen Methoden oder inzwischen überwiegend mit den Methoden und Apparaturen der modernen Spurenanalytik analysiert, für die als Beispiele AAS, HPLC und ICP genannt seien (SCHLICHTING et al. 1995, HEINRICHS 1990, SCHWEDT 1996).

Flammphotometer: Die Messlösung wird in eine nicht leuchtende Flamme gesprüht. Durch die Anregung und das anschließende Zurückfallen leuchtet die Flamme auf. Je mehr Atome in der Messlösung sind, desto stärker ist die ausgestrahlte Lichtmenge, die mit einer Photozelle gemessen wird. Über Eichlösungen und Eichkurven werden die Messwerte in Bezug gesetzt (KRAFT 1977).

Spektralphotometer: Das von einer Lichtquelle ausgestrahlte Licht wird in Spektralfarben zerlegt und mittels einer Spiegelkombination in zwei kohärente Strahlen zerlegt, von denen einer die in einer Küvette befindliche Messlösung durchläuft und geschwächt wird, während der andere als Vergleichsstrahl dient. Ein Detektor misst die Energiedifferenz. Die Konzentration der Messlösung wird über Eichlösungen und eine Eichkurve ermittelt (KRAFT 1977).

AAS (Atomabsorptionsspektrometer): Das Prinzip besteht in der Absorption von Strahlungsenergie durch Atome im Grundzustand, wobei die Atome entweder durch eine Flamme (Acetylen/Pressluft, Acetylen/Lachgas) oder in einem Graphitrohr angeregt werden und typische Absorptionslinien zeigen. Die Probe wird mit einem Trägergas in der Flamme zerstäubt, durch die ein Lichtstrahl hindurchgeleitet wird. Hinter der Flamme wird gemessen, wie viel des eingestrahlten Lichtes einer bestimmten Wellenlänge durch die zu messenden Elemente absorbiert werden. Bei der Einzelelementbestimmung werden Lampen mit den Kathoden des zu bestimmenden Elementes benutzt (WELZ/SPERLING 1997).

ICP (Induktiv Coupled Plasma Spectroscopy): Basiert auf dem Prinzip, dass Atome und Ionen in angeregtem Zustand Licht emittieren und Wellenlängen und Lichtintensitäten Rückschlüsse auf die Elemente in der Probe erlauben. Die Emissionsspektren aus der Atomisierung im Plasma – einem sehr hoch erhitzten Gas, bei dieser Analyse Argon – werden mit einem Spektrometer analysiert (TUCKER 1996).

HPLC (High Performance Liquid Chromatography): Es handelt sich um das heute am weitesten verbreitete Verfahren, bei dem die zu untersuchende Probe unter bis zu 400 bar Druck zusammen mit einem flüssigen Laufmittel auf die Trennsäule gegeben wird. Die Bestandteile der Probe zeigen unterschiedlich lange Wechselwirkungen mit der Trennsäule und erscheinen zu unterschiedlichen Zeiten am Ende der Trennsäule, wo sie mit einem Detektor nachgewiesen werden (LINDSAY 1996).

Minerale sind unterschiedlich widerstandsfähig gegenüber der Verwitterung, so dass aus dem Fehlen von Mineralen gegenüber dem Ausgangssubstrat der Bodenbildung auf Intensität und Grad der Verwitterung geschlossen werden kann. Besonders die **Schwerminerale** haben sich als gute **Indikatoren** erwiesen (Schwermineralanalyse).

Chromatograph als Zusatz bei Analytikgeräten wie „Gaschromatograph", „Ionen-chromatograph", „HPLC", „LC" bedeutet, dass Geräte eingesetzt werden, die das Verfahren der Chromatographie anwenden. Ein Verfahren, das in der modernen Analytik in allen Teilsparten der Chemie nicht mehr wegzudenken ist. Es beruht darauf, dass ein Stoffgemisch durch Wechselwirkungen zwischen einer mobilen und einer stationären Phase in seine Einzelbestandteile aufgetrennt wird.

Mobile Phase ist die Bezeichnung für die Phase, in der das Substanzgemisch zu Beginn des Verfahrens gelöst ist, und die sich im Verfahrensgang in Wechselwirkung mit einer festen, als stationär bezeichneten Phase bewegt, bzw. durch Pumpen oder bei hohen Drucken durch Säulen bzw. Membranen bewegt wird. Säulen sind hohle Röhren von einem Durchmesser von wenigen Mikrometern bis zu mehreren Zentimetern, die entweder mit der stationären Phase gefüllt oder innen beschichtet sind.

Je nach dem Zustand der mobilen Phase in der Anwendung wird zwischen Flüssig-chromatographie (LC – Liquid Chromatography), Gaschromatographie und Fluid-chromatographie (SFC – Supercritical Fluid Chromatography) unterschieden. Die Einzelstoffe der mobilen Phase haben eine charakteristische Wanderungsge-schwindigkeit durch die stationäre Phase in der Trennsäule, was die Trennung der einzelnen Stoffkomponenten bewirkt. Ein Detektor registriert die Komponenten, die die Trennsäule durchlaufen haben, und gibt sie als Peaks aus, die für Sub-stanzen stehen, die sich bekannten Stoffen zuordnen lassen.

Abb. 3.11: Zum Chromatographiebegriff und zu den Verfahren
(Entwurf: K.-H. PFEFFER)

Gips < Kalkspat < Dolomit

≪ Olivin < Anorthit < Apatit < Augite < Hornblenden < Albit

< Biotit < Muskovit < Orthoklas

≪ Quarz < Magnetit < Zirkon

Für neutrale bis schwach saure Bedingungen:

extrem stabil:	Zirkon, Turmalin, Rutil, Anatas, Brookit, Topas, Spinell, Zinnstein, Korund
sehr stabil:	Disthen, Andalusit, Sillimanit
stabil:	Titanit, Staurolith, Epidot, Monazit
mäßig stabil:	Monazit, Glimmer (Biotit)
instabil:	Pyroxen, Hornblende, Granat, Olivin
sehr instabil:	Fayalith (Olivin), Apatit, Karbonat, Zinkblende

Abb. 3.12: Stabilität der Minerale (BOENIGK 1983, S. 45, SCHRÖDER 1978, S. 21).

Bodendünnschliffe geben sehr gute Hinweise auf den Verwitterungsgrad eines Bodens. Hierzu wird eine ungestörte Bodenprobe (ca. 2 cm^3) im Vaku-um eingeharzt und nach der Aushärtung in eine Scheibe geschnitten, auf einen Objektträger aufgeklebt und bis auf ca. 30–10 mm mit Diamantpaste geschliffen (ALTEMÜLLER 1974, TUCKER 1996). Die dann im Durchlicht trans-parente Probe wird am Polarisationsmikroskop ausgewertet. Der Boden-dünnschliff gibt Auskunft über Primärmineralen und deren Verwitterungszu-stand, über Neubildungen, über Eisenformen, Tonverlagerungen und Poren.

Dünnschliffanalysen

17

Laboranalysen des Verwitterungsmantels als Indikator für:			
	Verwitterungs-intensität	Transport	Mehrphasigkeit der Verwitterung
Primärminerale	frisch = = > ver-armt	Fremdminerale = allochthon	
Neubildungen	Illit = = > Smectit = = > Kaolinit = = > Gibbsit	sehr gute Kristal-lisation, Pseudo-morphose = in situ	Porenfüllungen nicht kompatibel (z.B. Calcit im Oxisol) = ver-schiedene Klimate
Quarzform	Sprengung, Lö-sungskavernen (runiquartz)	Kornumrisse re-konstruierbar = in situ, Zurundung nicht indikativ	Kavernen und Poren mit Füllun-gen
Eisenformen	Goethit = = > Hämatit; Pisolithe	Porenauskleidungen Schlieren = in situ	mehrfache Füllun-gen
Poren	dichte Matrix = = >bis 45% Grobporen	Porenauskleidung = stabil = in situ	Überlagerung von verschiedenen Füllungen

Abb. 3.13: Auswertungen von Laboranalysen und Aussagemöglichkeiten über Bodendünnschliffe (BREMER 1995, S. 205).

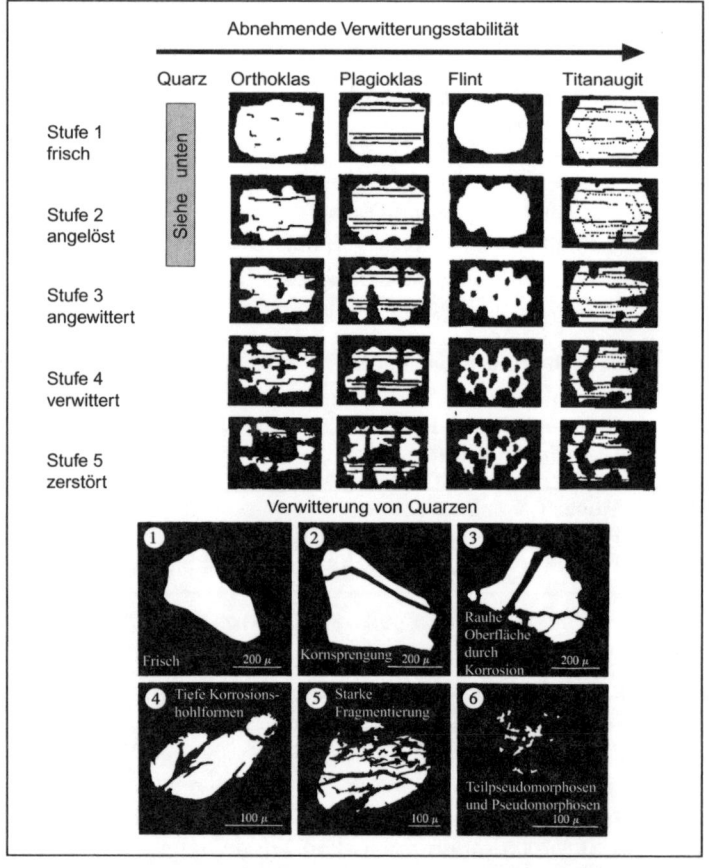

Abb. 3.14: Verwitterungsstufen von Mineralien in Dünnschliffen (BECK et al. 1995, S. 215, BREMER 1995, S. 268).

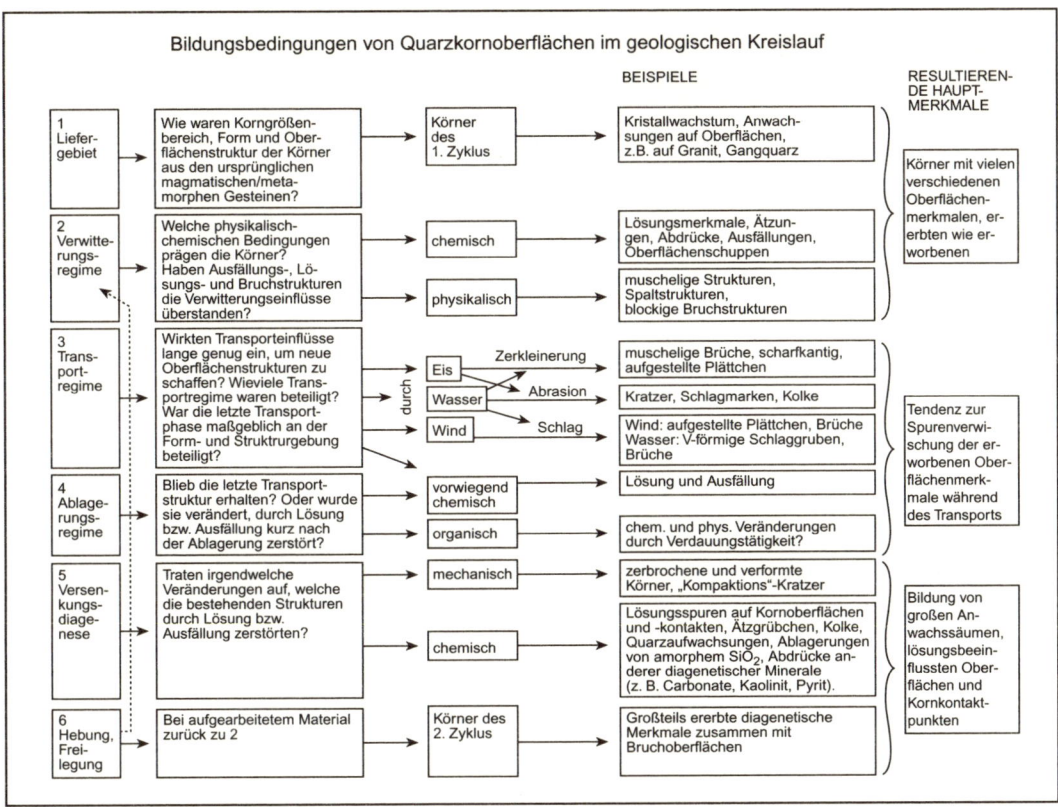

Abb. 3.15: Quarzkornoberflächen nach REM-Analyse und Deutungsmöglichkeiten (nach TUCKER 1996, S. 240).

Zusätzlich können einzelne Elemente an polierten Dünnschliffen mit der **Elektronenmikrosonde** bestimmt werden. Hierbei trifft ein gebündelter Elektronenstrahl auf die Probe und erzeugt ein Röntgenspektrum mit charakteristischen Linien, deren Intensität von der Konzentration des Elements in der Probe abhängt.

In der Kombination mit der **Tonmineralanalyse** ist der Verwitterungszustand gut zu quantifizieren. Für die Tonmineralanalyse wird in einem Sedimentationszylinder die Tonfraktion isoliert und durch Eindampfen ein orientiertes Präparat, d.h. mit der Ausrichtung der Tonteilchen parallel zur Oberfläche, hergestellt. Die Probe wird dann mittels Röntgendiffraktometrie (Beugung von Röntgenstrahlen) analysiert und die Tonminerale ergeben typische Diffraktometerkurven.

Quarzkornoberflächen geben wertvolle Hinweise auf das Ausgangsmaterial und den Verwitterungszustand eines Bodens. Hierzu werden Einzelkornpräparate mit dem **Rasterelektronenmikroskop (REM)** untersucht. Für die Darstellung der Oberflächenstruktur werden die Körner durch mechanische (Ultraschall) oder chemische (Oxidationsmittel) Methoden von Überkrustungen befreit, gewaschen und aufgeklebt. Die REM liefert Oberflächenmerkmale wie kristalline Anwachsungen, Lösungsrisse und -grüb-

Oberflächenanalyse

chen, Kratzspuren, Schleifmerkmale, Striemungen und Bruchformen, die in einen Kreislauf von Herkunft, Transport und Verwitterung eingeordnet werden können.

3.4 Fallstudie: Böden – eine Senke für Schadstoffe

Böden haben als Senke eine große Bedeutung im Ökosystem, so dass praxisorientierte bodengeographische Arbeiten sich mit den Veränderungen der Böden durch eingetragene Fremdstoffe und dem Belastungsgrad beschäftigen, um die Schutzfunktion des Bodens für das Grundwasser abzuschätzen oder um den möglichen Transfer in die Nahrungskette zu ermitteln.

Schadstoffeintrag   Die durch menschliche Aktivitäten seit dem Beginn der Metallzeiten unmittelbar oder durch Fernwirkung auf die Vegetation und auf die Landoberfläche durch Besiedlung, Erzgewinnung und Metallproduktion, Industrie, Verkehr und Landbewirtschaftung immitierten anorganischen und organischen Fremd- und Schadstoffe treffen auf die organische Auflage der Böden, und je nach Konsistenz der Fremdstoffe und der ökologischen Situation der Bodenoberfläche lagern sich die Fremdstoffe ab, reagieren mit den Bodenkompartimenten, werden abgebaut, fixiert oder in tiefere Bodenschichten bis hin zum Grundwasser verlagert.

Schwermetalle in Böden	Pb	Cd	Cu	Ni	Hg	As
natürlicher Gehalt im Boden	<20	<1	<20	<50	<1	<20 ppm
mittlerer Eintrag	183	4–108	350	26–255	7	2–365 g/ha · a
mittlerer Austrag	14–124	2–34	118–282	28–146	1–5	16 g/ha · a
Persistenz	+++	+++	+++	+++	++	++
Mobilität	+	++	+	+	+	++
pflanzliche Aufnahme	+	+++	++	++	++	++

+ = gering, ++ = mittel, +++ = hoch

Organische Schadstoffe	PCB	PAH	PCP	PCDD	HCH	HCB
natürlicher Gehalt im Boden	<0,1 µg	–	–	–	–	–
Produktion	–	+	+	(+)	–	+
Eintrag	KS	Luft	PSM	Müllverbr.	PSM	PSM
Persistenz	+++	++	+	+++	++	++
Mobilität	+	+	+++	+	++	+++
pflanzliche Aufnahme	+	+	+	+	+++	+++

PSM	= Pflanzenschutzmittel		
KS	= Klärschlamm	PCB	Polychlorierte Biphenyle
+++	= sehr groß	PAH	Polyzyklische, aromatische Kohlenwasserstoffe
++	= groß	PCP	Pentachlorphenol
+	= mittel	PCDD	Polychlorierte Dibenzodioxine
–	= nicht vorhanden	HCH	Hexachlocyclohexan
		HCB	Hexachlorbenzol

Abb. 3.16: Schwermetalle in Böden und organische Schadstoffe (KUNTZE et al. 1994, S. 373 u. 376).

Diese Prozesse sind eine Funktion von pH-Wert, von der organischen Substanz, dem Grad der Mineralisation, der Wasserleitfähigkeit einzelner Lagen und Bodenhorizonte sowie der Sorption (Bindung) an die Tonminerale. Die Parameter dieser Steuerfaktoren werden im Labor ermittelt.

Der **pH-Wert** wird in einer Suspension des entweder feldfrischen oder vorher getrockneten Bodens mit Wasser oder in einer Salzlösung ($CaCl_2$ oder KCl) elektronisch mit einer Glaselektrode gemessen. Die Messung in einer $CaCl_2$-Suspension wird heute anderen Salzlösungen vorgezogen, da verfälschende Reaktionen mit Tonmineralen, insbesondere der K-Austausch mit Illit, unterbleibt und die Wasserstoff-Calciumionen-Konzentrationen unabhängig vom Boden-Wasserverhältnis sind (SCHLICHTING et al. 1995).

Analyseverfahren

Die **organische Substanz** wird mit dem Begriff Humus erfasst, der die Gesamtheit von abgestorbenen Pflanzen- und Tiersubstanzen auf und im Boden beinhaltet.

Der **Humuskörper** besteht aus dem organischen Ausgangsmaterial, den Streustoffen und den Huminstoffen, die aber im Bodenprofil oft gleitend ineinander übergehen. Der **Auflagehumus** kann bereits im Gelände differenziert werden (AG BODEN 2005), für alle anderen Einstufungen sind recht komplexe Analysen erforderlich. **Streustoffe** enthalten Cellulose, Eiweiß, Gerbstoffe, Harze, Hemicellulose, Lignin, Pektin, Stärke, Wachse und Zucker. **Huminstoffe,** deren Konstitution nahezu unaufgeklärt ist, bestehen aus laugeunlöslichen Huminen, laugelöslichen Huminsäuren und Fulvosäuren. Die einzelnen Pflanzenstoffe lassen sich nur mit großem Aufwand und nach Trennungsverfahren (Chromatographie) chemisch bestimmen, eine Übersicht über den Stoffbestand einer Probe kann aber aus dem unterschiedlichen Verhalten von Stoffgruppen gegenüber Säuren, Laugen und organischen Lösungsmitteln gewonnen werden. Es sind umfangreiche Arbeitsgänge erforderlich, die Bestimmung der Einzelstoffe erfolgt durch typische Stoffreaktionen titrimetrisch, photometrisch bzw. colorimetrisch (SCHLICHTING et al. 1995).

Diese Analysen werden nur für spezifische, meist bodenbiologische Prozesse durchgeführt. Für die Fragestellungen der Bodenbelastung genügt es in der Regel, die organische Substanz, d. h. die Gesamtheit aus Streu und Humuskörper, zu bestimmen. Hierzu werden drei Methoden angewandt, die aber weder untereinander vergleichbar noch ohne methodische Fehlerquellen sind.

Bestimmungsmethoden der organischen Substanz

• Die Bestimmung der organischen Substanz aus dem **Glühverlust.** Hierzu wird eine Bodenprobe auf 430°C erhitzt und der Glühverlust als organische Substanz ermittelt, wobei aber eine eventuelle Abgabe von Kristallwasser aus der Mineralsubstanz unberücksichtigt bleibt.

• Die Bestimmung der organischen Substanz aus der Oxidation mit Kaliumdichromat **(nasse Veraschung** – Lichterfelder Methode). Hierbei werden die organischen Anteile mit Schwefelsäure zerstört und der in der Lösung vorhandene Kohlenstoff mit einer Überschusslösung aus Kaliumdichromat oxidiert. Der Verbrauch an Kaliumdichromat wird aus einer Bestimmung des verbliebenen Chromats mittels Photometer errechnet. Hierbei wird davon ausgegangen, dass keine anderen anorganischen Verbindungen oxidiert werden und der Kohlenstoffgehalt der Humusstoffe 50% beträgt.

• Die Bestimmung der organischen Substanz aus einer **pyrolitischen Reaktion.** Hierbei wird eine Probe bei hoher Temperatur einem Sauerstoffstrom ausgesetzt und das entstehende CO_2 in einer Natronlösung aufge-

Merkmalsbeschreibung	Lagerungsart
L-Material (Blattförna)	
Punktierung: Unregelmäßig verteilte, sehr kleine dunkle Flecken < 0,5 mm, < 5 % der Blattspreite bedeckend	**locker:** Zusammen liegende, nicht miteinander verklebte Förna
Fleckung: Meist wenige dunkle Flecken von unregelmäßiger Form (1–10 mm ∅), < 10 % der Blattspreite bedeckend	**verklebt:** Miteinander verklebte Blattspreiten (vorzugsweise im Übergangsbereich zum Of-Horizont)
Rissigkeit: Blattspreite meist entlang des Blattadernetzes aufreißend	**schütter:** Vereinzelt umherliegende Förna (in der Regel direkt auf der Mineralbodenoberfläche)
Bräunung und Wellung: Verschieden starke Dunkelung der Blattspreiten und auf benachbarte Interkostalfelder übergreifende oder entlang von Blattadern entstandene Aufwölbungen.	
Löchrigkeit und Auskerbung: Unregelmäßig geformte Löcher und randliche Einbuchtungen in der Blattspreite	
Of-Material (Blattförna)	
Skelettierung: Interkostalfelder der Blattreste fehlen partiell oder vollständig	**locker:** Ohne Zusammenhalt einzeln liegend, nur zum Teil schwach miteinander verklebt (etwas aneinander hängend)
Rudimentierung/Fragmentierung: Formen und Formteile der ehemaligen Blattspreite nur noch als Förnarudimente oder als Förnafragmente erkennbar	**verklebt:** Durch organische Feinsubstanz stärker miteinander verklebt
Sprenkelung: Starke Punktierung und Fleckung der Blattreste	**stapelartig:** Dicht übereinander liegend zu Paketen verpappt
Bleichung und Vergrauung: Partielle oder vollständige Entbräunung der Förnareste oder Graufärbung	

Lagerungsart	Beschreibung
Of-Material (Nadelförna)	
locker	Nadelreste mit nur geringem Zusammenhalt
vernetzt	Nadelreste stärker aneinander hängend
verfilzt	Nadelreste stärker miteinander verbacken
schichtig	Nur stellenweise abhebbare, in schichtiger Lagerung miteinander vernetzte Nadelreste
sperrig	Partienweise abhebbare, in wirrer Lagerung miteinander verfilzte Nadelreste (stärkerer Zusammenhalt durch höheren Feinsubstanzanteil oder stärkere Verpilzung hervorgerufen)
biegefähig	Gesamter Of-Horizont abhebbar, Nadelreste so stark durch organische Feinsubstanz miteinander verbacken und durch Verpilzung verflochten, dass das F-Material biegefähig wird und unscharf bricht
Oh-Material	
lose	Zerfällt überwiegend kleinkörnig oder pulverig
bröckelig	Locker gelagerte, leicht in gut kantengerundet zerfallende, mehr oder weniger große Stücke aus organischer Feinsubstanz mit nennenswerten Anteilen an makroskopisch erkennbaren Pflanzenteilen
kompakt	Dicht gelagerte organische Feinsubstanz mit geringen Anteilen an makroskopisch erkennbaren Pflanzenresten, bei Biegebeanspruchung brechend (unscharf oder scharfkantig brechbar)

Abb. 3.17: Diagnostische Merkmale von L- (litter = Streu) und O-Material (Ansammlung von stark zersetzter Pflanzensubstanz) des Auflagehumus (Förna) (nach AG BODEN 2005, S. 301 f.).

fangen und colorimetrisch bestimmt. Dabei wird davon ausgegangen, dass trotz hoher Temperaturen kein anorganisch gebundener Kohlenstoff entweicht.

Wesentlich für die Bindung und mögliche Verlagerung von Fremdstoffen ist die **Intensität der Mineralisation** von organischer Substanz, da die durch die Mineralisation frei werdenden organischen Säuren, Gele und Chelate Fremdstoffe anlagern und in tiefere Bodenhorizonte transportieren können. Für die Mineralisation ist das **C/N-Verhältnis** (Kohlenstoff/Stickstoff-Verhältnis) ein aussagekräftiger Parameter. Bei einem engen C/N-Verhältnis unter 20 überwiegt die N-Mineralisation, bei 30 hingegen die N-Immobilisierung.

Nachweis von Fremdstoffen

Dauerhumus	C/N ca. 10
Mull (-Humus)	C/N ca. 10–15
Moder (-Humus)	C/N ca. 20
Rohhumus	C/N ca. 30–40

Stickstoff liegt im Boden als anorganische Stickstoffverbindungen (N_{Min} – die Summe der als NH_4^+ oder NO_3^- vorliegenden Stickstoffverbindungen) und überwiegend gebunden in organischen Verbindungen vor. Der Stickstoffgehalt wird nach dem **Kjeldahlverfahren** bestimmt. Hierbei werden mit konzentrierter Schwefelsäure und unter Zusatz eines Katalysators (Selenreaktionsgemisch, selenfreies Kjeldahlreaktionsgemisch) vorhandene N-Verbindungen der organischen Substanz nach der Hydrolyse in Ammoniumsulfat oxidiert. Die Lösung wird alkalisiert und das flüchtige Ammoniak durch Destillation in Borsäure aufgefangen. Das entstehende Borat wird entweder titrimetrisch oder photometrisch bestimmt (SCHLICHTING et al. 1995). Für diese Stickstoffbestimmung nach Kjeldahl gibt es entsprechende Apparaturen im Fachhandel.

Die Bestimmung der in einem Boden festgehaltenen Fremd- und Schadstoffe erfordert für die anorganischen, organischen und radionukliden Stoffe (Stoffe mit instabilem Atomkern) sehr unterschiedliche Aufschluss- und Messmethoden.

Anorganische Kationen – insbesondere Schwermetalle und Aluminium – werden mit unterschiedlich stark auf die Bindungen einwirkenden Lösungen extrahiert:

Aufschlussverfahren

- mit **Wasser oder Ammoniumnitratlösung:** Hierbei werden alle leicht löslichen Kationen erfasst, die rasch ins Trinkwasser oder in die Nahrungskette gelangen können.
- mit **EDTA:** Hierbei werden alle Kationen erfasst, die durch „Umsetzungen" im bio-chemischen Bereich den Pflanzen verfügbar sind und damit in die Nahrungskette gelangen können.
- mit **Königswasser** (3 Mole HCl, 1 Mol HNO_3) in der Siedehitze: Hierbei werden alle Kationen erfasst, die kurzfristig mobil werden und Eingang in die Nahrungskette finden können.

Bei allen diesen Aufschlussverfahren werden fest in Silikate gebundene Schwermetalle und Aluminium nicht erfasst. Sie sind in diesen fixiert und können nicht in die Nahrungskette gelangen.

Die Gehalte der Eluate werden wie in Kap. 3.3 ermittelt.

Für eine Bewertung gibt es nur wenige absolut abgesicherte Grenzwerte, aber in der Klärschlammverordnung wurden Grenzwerte gesetzlich festgelegt.

Element	Grenzwerte in Klärschlamm $(mg \cdot kg^{-1} TM)$	Gesamtgehalte in lufttrockenem Boden $(mg \cdot kg^{-1})$ natürlich	kontaminiert	Grenzwert
Cd	10/5*	0,1– 1	– 200	1,5/1*
Zn	2500/2000*	3–50	–20.000	200/150*
Cu	800	1–20	–22.000	60
Ni	200	2–50	–10.000	50
Pb	900	0,1–20	– 4.000	100
Cr	900	2–50	–20.000	100
Hg	8	0,1– 1	– 500	1

Xenobiticum			
AOX	500 mg $\cdot$ kg^{-1}TM	AOX	Messgröße für die Menge an absorbierbaren organisch gebundenen Halogenen im Wasser
PCB (Nr. 28, 52, 101, 138, 153, 180)	jeweils 0,2 mg $\cdot$ kg^{-1}TM	PCB	Polychlorierte Biphenyle
PCDD	100 ng TE $\cdot$ kg^{-1}TM	PCDD	Polychlorierte Dibenzodioxine
PCDF	100 ng TE $\cdot$ kg^{-1}TM	PCDF	Polychlorierte Dibenzofurane

* jeweils niedriger Wert für Böden < 5 %, < 2 μm oder pH < 5–6
TE = TCDD, Toxizitätsäquivalent

Abb. 3.18: Grenzwerte für Schwermetalle und einige organische Schadstoffe in Klärschlamm und Böden nach dem Bundesgesetzblatt 1992 (nach KUNTZE et al. 1994, S. 373).

Errechnung von Schwermetallgehalten

Um **Anreicherungen von Schwermetallen** in Böden gegenüber einem vorhandenen geogenen (natürlichen) Gehalt zu ermitteln, sind **Regressionsanalysen** erforderlich. Der geogene Gehalt der Schwermetalle ist vom Tongehalt, vom pH-Wert und von der organischen Substanz abhängig. Aus dem absoluten Gehalt an Schwermetallen lässt sich daher noch keine Anreicherung ermitteln. Erst über Rechenvorgänge, die den Gehalt und die oben aufgeführten Variablen berücksichtigen, wie **Regression, multiple Regression** (BAHRENBERG et al. 2003) und die Ermittlung der Residuen sind die Schwermetallgehalte nach „geogen" vorgegeben und „anthropogen" angereichert zu beurteilen (BURGER 1989).

Residuen sind die Differenz zwischen den gemessenen Werten und den aus einer Regressionsrechnung vorhergesagten Werten. Bei positiven Residuen liegen Anreicherungen vor (BURGER 1989).

Messmethoden der Anionengehalte

Die in das Ökosystem eingetragenen **Anionen**, die entweder durch lokale menschliche Aktivitäten (Straßenstreusalz, Düngung) oder Fernwirkung (Eintrag aus Industrie, Straßenverkehr) in die Böden gelangen können, werden in diesen nicht fixiert und lassen sich leicht mit Wasser herauslösen. Die Ionengehalte der Lösung werden entweder im klassischen anorganischen Analyseverfahren durch Fällungsreaktionen oder mittels Titrationen und Photometer oder aber mit einem Ionenchromatographen bestimmt.

Bei der **Ionenchromatographie** handelt es sich um ein Chromatographieverfahren, bei dem die mobile Phase mittels einer Pumpe durch das System geführt wird und die in der Flüssigkeit vorhandenen Ionen in der stabilen Phase einer Trennsäule mit reproduzierbaren Ionenaustauschern auf Polymerbasis getrennt werden. Da der anschließende Detektor meist ein Leitfä-

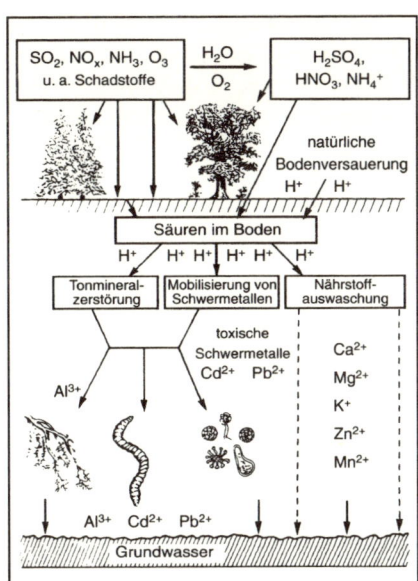

Abb. 3.19: Einträge von anorganischen Säurebildnern in das Bodensystem und die Auswirkungen der Bodenversauerung (SCHEFFER/SCHACHTSCHABEL 2002, S. 372).

higkeitsdetektor ist, wird ein Suppressorsystem eingesetzt. Hierbei wird mit einer Ionenaustauschsäule in Wasserstoffform die Grundleitfähigkeit der Lösung verringert und die der zu analysierenden Ionen in eine stärker leitende Form überführt (WEIß 2001).

Für die Anionengehalte im Boden gibt es keine Grenzwerte, aber die Auswirkungen hoher Gehalte zeigen sich an der Bodenversauerung sowie an Schäden bei Pflanzen und Bodentieren.

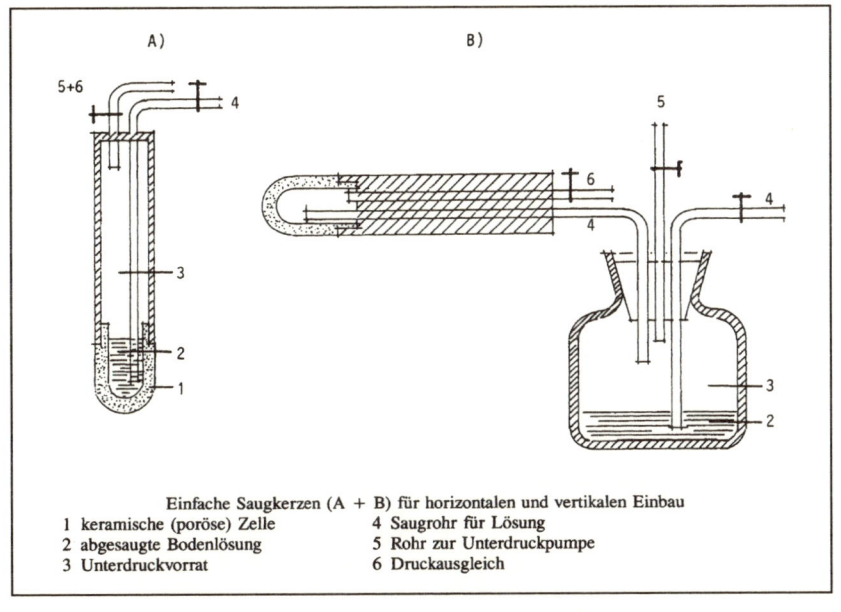

Abb. 3.20: Aufbau von einfachen Saugkerzen (SCHLICHTING et al. 1995, S. 214).

Messmethoden des
Nitratgehalts

Der **Nitrathaushalt** in den Böden wird besonders beachtet, da Nitrat nicht gespeichert wird und durch eine Fernwirkung vom Boden zum Grundwasser die Trinkwasserqualität (Grenzwert 50 mg/l) gefährdet. Daher kommen auch weitere Methoden zur Nitratbestimmung zum Einsatz. Über **Saugkerzen** werden Bodenwasserproben gewonnen, die dann mit dem Ionenchromatographen bestimmt werden.

Neuerdings werden in den Boden eingebrachte **Ionenaustauscher** (BISCHOFF et al. 2001) verwendet, die Nitrate fixieren. Im Labor werden diese dann in Lösung gebracht und analysiert.

Messmethoden
organischen
Fremdstoffgehalts

Die Bestimmung **organischer Fremdstoffe** ist ein großes Problem, da weltweit etwa 100.000 meist organische Verbindungen mit einer jährlichen Zuwachsrate von 1000 neuen Substanzen von der Industrie hergestellt werden, deren Zusammensetzungen wenn überhaupt nur bedingt bekannt sind. Eingetragene organische Fremdstoffe können sich in unterschiedlichen Zeitspannen abbauen, dabei können meist ebenfalls neue Verbindungen **(Metabolite)** unbekannter Zusammensetzung entstehen. Weiterhin enthalten die Böden selbst eine große Zahl an organischen Verbindungen, deren Konsistenz wie etwa im Falle der Huminstoffe weitestgehend noch ungeklärt ist. Daher bleibt für die Analytik vielfach nur der Weg, gezielt nach der Existenz von bekannten Schadstoffen im Boden zu suchen. Hierzu werden dann die Analyseeinrichtungen mit Reinsubstanzproben geeicht.

Bereits bei der Entnahme der Proben im Gelände sind die Eigenschaften der gesuchten Stoffe zu berücksichtigen. Einige organische Verbindungen haben einen hohen Dampfdruck und sind damit leichtflüchtig. Die Schadstoffe werden im Labor mit für sie spezifischen Lösungsmitteln aus der Bodensubstanz extrahiert, wobei einige Schadstoffe in extrem geringer – aber immer noch toxischer oder schädlicher – Konzentration auftreten, so dass für eine Analyse Anreicherungen z. B. mit einem **Vakuumrotationsverdampfer** vorgenommen werden müssen. Die eigentliche Analyse erfolgt mit einem GC/MS- oder LC/MS-System. Bei den komplexen Proben, wie in der Umweltchemie zur Bodenbelastung, wird mit der **Gaschromatographie (GC)** bzw. bei Substanzen mit großer Molekülmasse mit der **Liquidchromatographie (LC)** eine Auftrennung der Substanzen vorgenommen und dann mit einem **Massenspektrometer (MS)** die Analyse erstellt. Ein Massenspektrometer ist ein Gerät, mit dem aus einer Probe Ionen erzeugt werden, die nach ihrem Masse-zu-Ladungsverhalten getrennt werden können. Zur Erzeugung der Ionen und zur Auftrennung des Partikelstrahls gibt es eine ganze Reihe – hier nicht zu behandelnde – physikalische Effekte, die sich für das Verfahren einsetzen lassen. Generell gilt: In einer Ionenquelle wird die Analysensubstanz ionisiert, im Analysator werden die Ionen nach ihrer Masse getrennt und an einem Detektor bestimmt (HÜBSCHMANN 2001).

Beurteilung
organischer
Fremdstoffgehalte

Die Beurteilung der organischen Verbindungen ist schwierig; zwar gibt es für einzelne Stoffe **Grenzwerte**, aber vielfach kann nur eine Einstufung der Substanz mengenunabhängig als „carcinogen" erfolgen. Hierbei ist entscheidend, ob die Substanz überhaupt in die Nahrungskette gelangt. Daher ist für eine Beurteilung wesentlich, wie groß die Sorption der eingetragenen und eingelagerten Fremdstoffe im Boden ist und welche Mengen an neu eingetragenen Schadstoffen noch gebunden werden können.

Für die organischen Verbindungen gibt es nur sehr wenige Untersuchungen, die Fragestellung ist aktueller Forschungsgegenstand von Bodenkunde und Agrarchemie. Im Gegensatz dazu ist das Verhalten der anorganischen Stoffe, insbesondere der Schwermetalle, relativ gut bekannt.

Für Einzelbestimmungen gibt es die Möglichkeiten, über Sickerversuche in **Lysimetern**, über Bodenflüssigkeitsentnahmen mit **Saugkerzen** oder mittels Einbringen von **Ionenaustauschern** Analysensubstanzen zu gewinnen. Die Sorptionsfähigkeit von Schwermetallen kann auch durch Laborversuche ermittelt werden. In Säulen lässt man einen Schwermetallcocktail durch das Bodenmaterial sickern, und in der durchgesickerten Lösung wird gemessen, wie viele Schwermetalle in der Bodensubstanz verblieben sind. Die Stärke der **Sorption** lässt sich dann wiederum ermitteln, wenn anschließend **Ammoniumnitrat** bzw. **EDTA**-Lösung zur **Perkolation** verwendet wird. Jetzt wird der in der Lösung vorhandene Schwermetallgehalt gemessen (BECK 1998).

Messmethoden von Schwermetallgehalten

Eine letzte wesentliche Größe für die Verlagerung von Stoffen im Untergrund ist die Wasserbewegung im Boden. Dies kann im Gelände oder über im Labor ermittelte Wassergehaltsproben des Bodens ermittelt werden.

Messmethoden des Sickerwassers

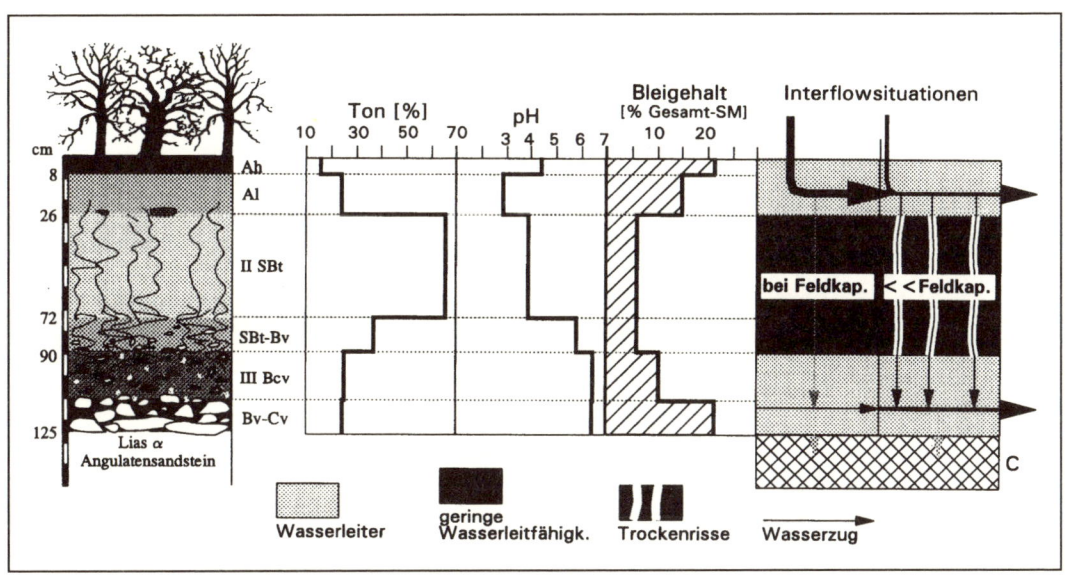

Abb. 3.21: Die Bedeutung der Bodenwasserbewegung bei der Verlagerung von Blei in einer mehrschichtigen, schwach pseudovergleyten Phäno-Parabraunerde über Sandstein (BECK 1998, S. 85).

Ist der Boden durch Niederschläge, künstliche Beregnung oder Überstauungen gesättigt, kann die **Sickerwasserbewegung** gemessen werden. Hierzu kommen Lysimeter und Dopplelringfiltrometer für die Erfassung der quantitativen Wasserbewegung in Frage.

Lysimeter sind mit Boden gefüllte Behälter von bis zu 100 m³ Inhalt, die in die Erde eingelassen sind und an deren Boden oder Seitenwänden Bodenflüssigkeit aufgefangen werden kann. Das Bodenmaterial in den Lysimetern ist bei den neueren Studien ein ungestört entnommener Boden-

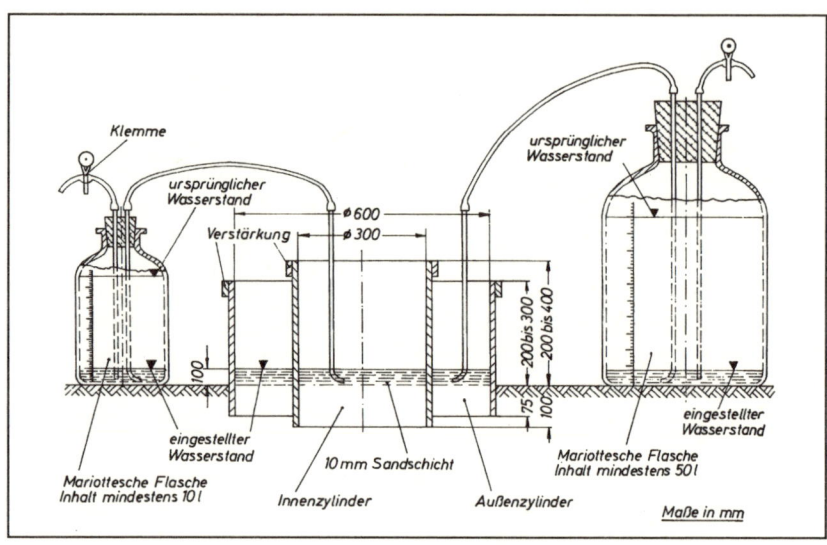

Abb. 3.22: Doppelringinfiltrometer (MÜCKENHAUSEN 1985, S. 326).

monolith, oder aber der Lysimeter wird von oben in den Boden einge-drückt – eine Methode für Langzeitversuche mit großer praktischer Bedeu-tung für z.B. die Kontrolle bei Deponieabdichtungen, die aber einen erheblichen Materialaufwand erfordert und meist nur von Großforschungs-einrichtungen oder im Rahmen großer Projekte betrieben werden kann.

Mittels des **Doppelringinfiltrometers** lässt sich rasch und ohne großen Materialaufwand die Infiltrationsintensität erfassen.

Zur Messung werden zwei konzentrische Stahlzylinder in den Boden gedrückt und mit Wasser gefüllt. Mittels einer Mariotteschen Flasche wird der Wasserstand in beiden Ringen konstant gehalten, bis etwa gleiche Infil-trationsraten in beiden Zylindern erreicht werden. Danach wird die Überstauung im äußeren Ring konstant gehalten, während das Absinken des Wasserspiegels in der Zeiteinheit registriert und die Infiltrationsintensi-tät mit mm/m²·h angegeben wird.

Messmethoden des Interflows

Da der oberflächennahe Untergrund durch Lagen gegliedert ist und die Bodenhorizonte durch pedogene Prozesse unterschiedliche Einsickerungs-raten aufweisen, bewegt sich auch ein Teil des eingesickerten Wassers oberflächenparallel zum Grundwasserkörper. Diese Wasserbewegung – als Interflow bezeichnet – ist für Wasserbilanzen und Schadstoffverlage-rungen von größter Bedeutung.

Die Ermittlung des Interflows kann durch eingebaute Filterrohre und Interflowwannen im Bezug auf Niederschlag und Oberflächenabfluss direkt ermittelt werden, oder aber durch Messungen zum ungesättigten System mit der Elektronensonde, TDR-Sonden und Tensiometern.

Die **Elektronensonde** ist ein Alpha-Strahler mit einer Radium-Americi-um-Beryllium-Quelle, die schnelle Neutronen aussendet. Diese Sonde wird in ein Bohrloch im Boden eingeführt und die schnellen Neutronen durch Wasserstoffatome abgetrennt.

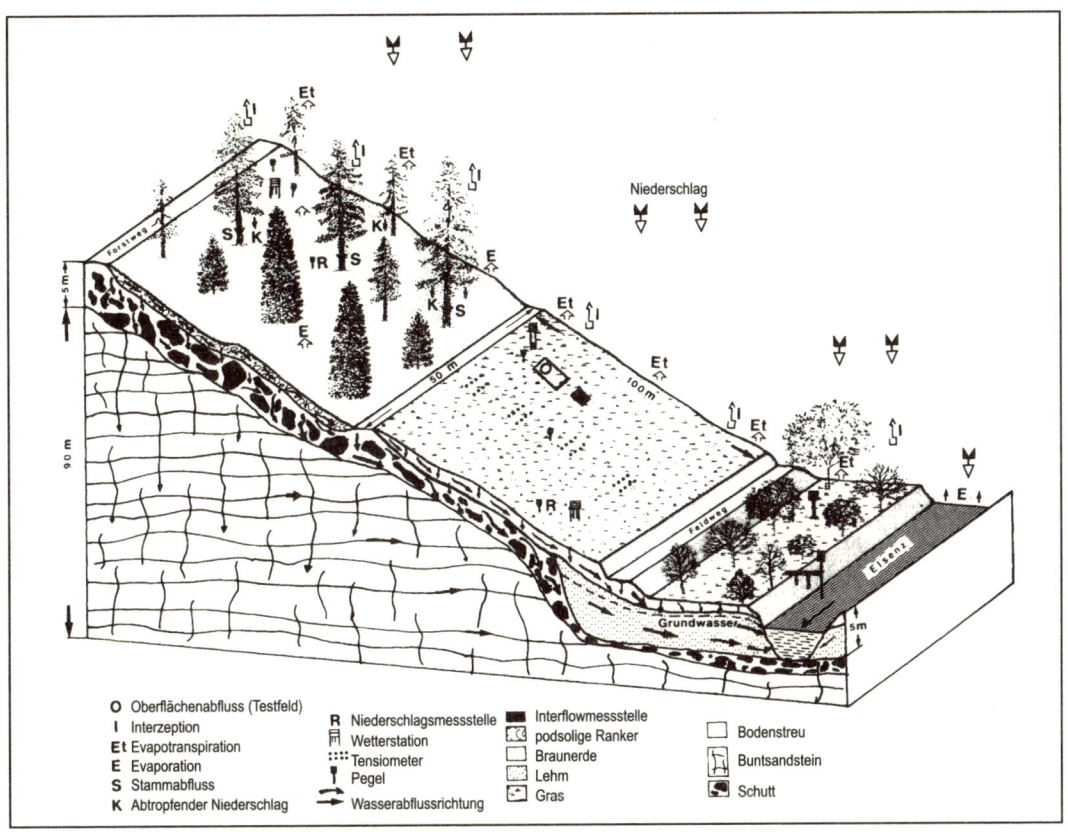

Abb. 3.23: Messfeld für die Erfassung des Interflows (nach BARSCH/FLÜGEL 1989, S. 212).

Durch diesen Vorgang entstehen langsame Neutronen, die an einem Impulszähler-Detektor erfasst werden. Je mehr H-Atome (Wasser) im Boden vorhanden sind, desto mehr langsame Neutronen erreichen den Detektor. Daraus lässt sich der Wassergehalt des Bodens im Vergleich mit einer Eichkurve ermitteln. Trotzdem gibt es viele Fehlerquellen, aber die Methode ist weit verbreitet.

Messung des Bodenwassergehalts

Die Bestimmung des Wassergehaltes im Boden mit **TDR (Time Domain Reflectrometry)** beruht auf dem Prinzip, dass die Laufzeit einer elektromagnetischen Welle von einer im Boden eingebauten Sonde gemessen wird. Die Laufzeit hängt von der relativen Dielektrizitätskonstante ab, die hauptsächlich vom volumetrischen Wassergehalt des Bodens bestimmt wird. Bei der TDR-Messung kann direkt der volumetrische Wassergehalt bestimmt werden.

Tensiometer bestimmen die Wasserspannung in den Böden. Es sind keramische poröse Zellen, die mit einem Manometer in Verbindung stehen und in den Boden eingebracht werden. Die Zelle und der freie Raum zum Manometer sind mit Wasser gefüllt. Je trockener ein Boden ist, desto mehr Wasser fließt aus dem Tensiometer in den Bodenbereich, dadurch ändert

Messung der Wasserspannung

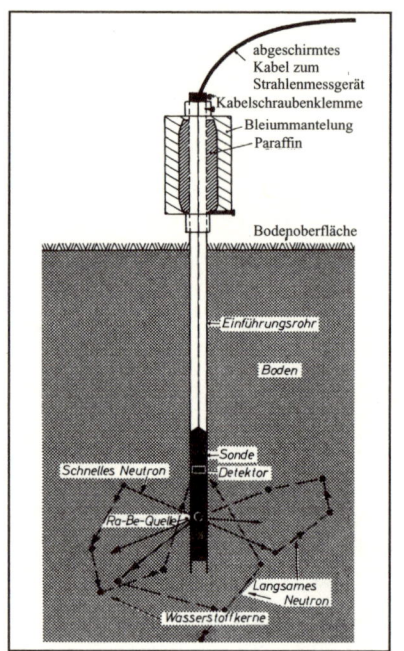
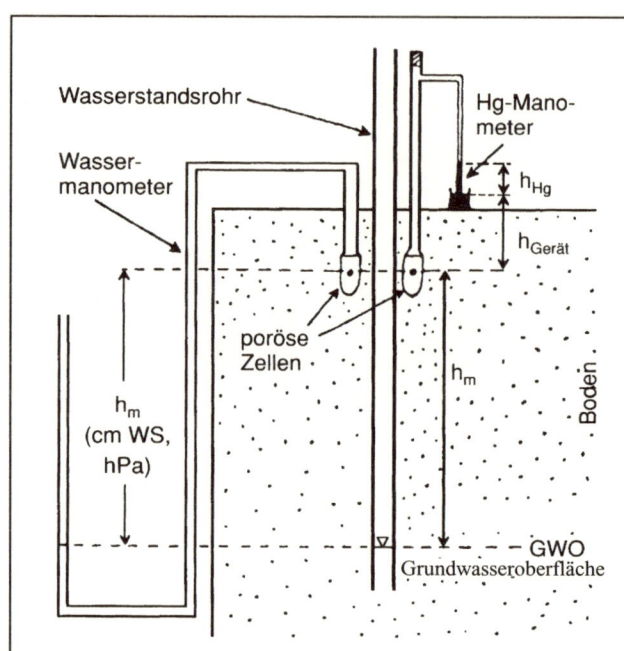

Abb. 3.24: Neutronensonde (nach MÜCKENHAUSEN 1985, S. 319) und Tensiometer (SCHEFFER/SCHACHT-SCHABEL 2002, S. 214).

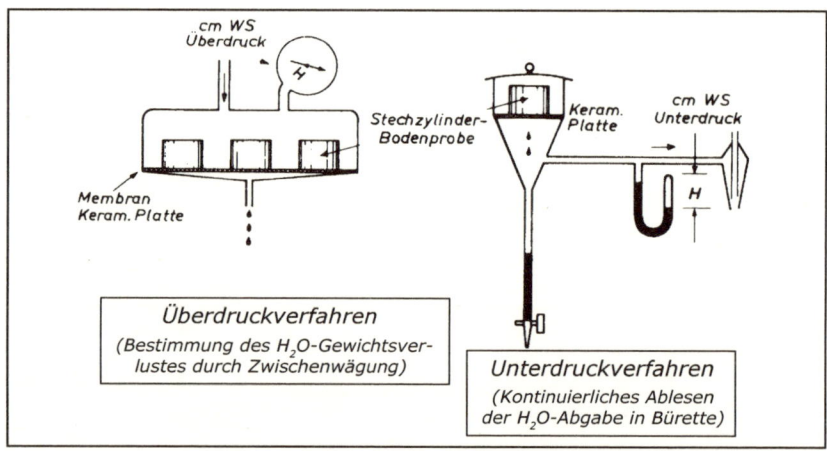

Abb. 3.25: Drucktöpfe zur Ermittlung des pF-Wertes (KUNTZE et al. 1994, S. 167).

sich der Druck am Manometer und das Materialpotenzial wird am Manometer angezeigt.

Die Labordaten zum Bodenwasser werden über die Gewichtskonstanz direkt oder über die Bestimmung des pF-Wertes ermittelt.

Gravimetrische Wassergehaltsbestimmung: Hierzu werden entnommene Bodenproben gewogen, dann bei 105°C bis zur Gewichtskonstanz

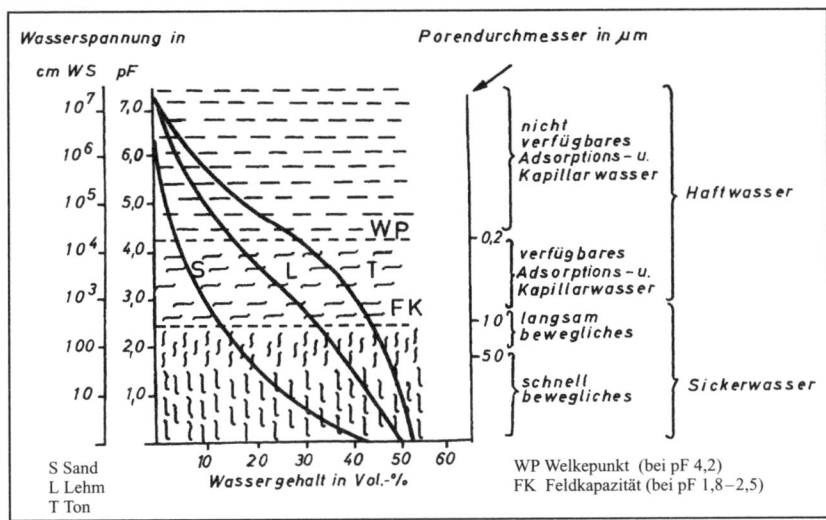

Abb. 3.26: Der Wassergehalt (Vol.-%) in Abhängigkeit von der Wasserspannung in den Texturen Sand, Lehm und Ton (pF-Kurven) (MÜCKENHAUSEN 1985, S. 313).

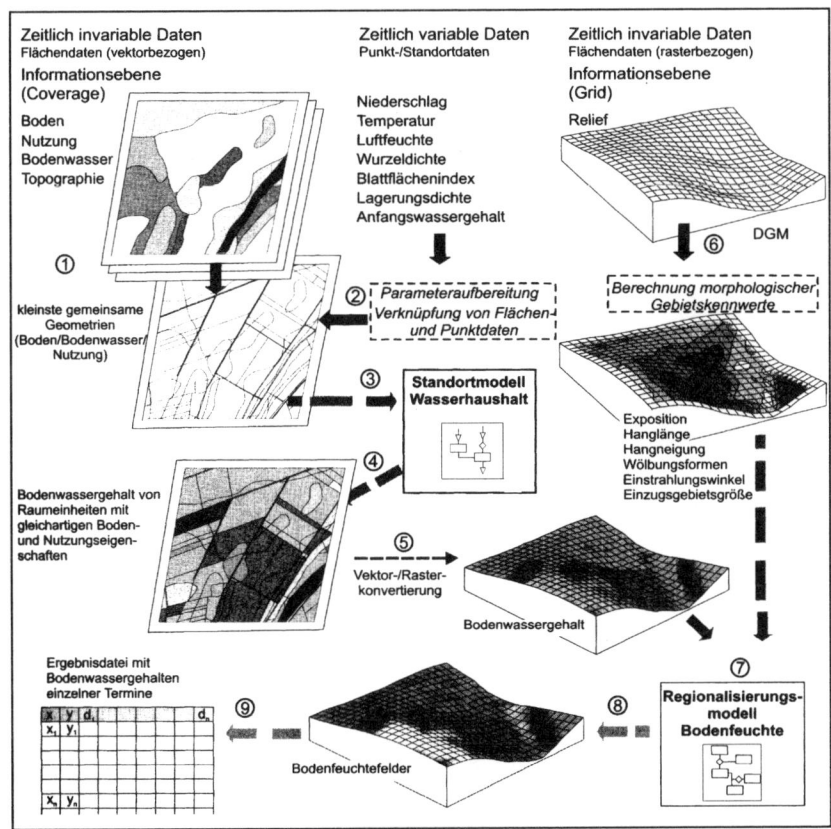

Abb. 3.27: Arbeitsschritte bei einer GIS-unterstützten Simulation der Bodenfeuchte (DGM = Digitales Geländemodell) (DUTTMANN 1999, S. 193).

getrocknet und wieder gewogen. Die Differenz ergibt den Wassergehalt der Probe.

Die Wasserbindung im Boden wird durch die Kapillarkräfte in den Hohlräumen, durch Hydratation und durch osmotische Kräfte bestimmt. Die Bindungsintensität ist gekennzeichnet durch die **Saugspannung,** die bei Entwässerungen überwunden werden muss, und wird als pF-Wert angegeben. Dieser kann an mit Stechzylindern ungestört entnommenen Bodenproben mittels Druckapparaturen ermittelt werden. Weiter wird gemessen, bei welchem Druck eine mit Wasser gesättigte Probe kein Wasser mehr abgibt, woraus sich der pF-Wert errechnen lässt.

Bodenwasser, Bodenfeuchte und Bodenwassergehalt einzelner Punkte können auch mittels einer **GIS-unterstützen Simulation** ermittelt werden (DUTTMANN 1999).

Radioaktive Stoffe

Atombombenversuche in der freien Atmosphäre und Unfälle in Kernreaktoren (Windscale, Tschernobyl) haben **Radionuklide** in die Atmosphäre abgegeben, und diese wurden, bedingt durch vorherrschende Windrichtungen und lokale Niederschlagsereignisse, in räumlich sehr unterschiedlicher Intensität auf Vegetation und Böden abgelagert. Die Möglichkeit eines Transfers über Pflanzen in die Nahrungskette, besonders bei dem langlebigen und in der Reaktion dem Kalium ähnelnden ^{137}Cs, stellt bei hohen Immissionen ein zu untersuchendes Risikopotenzial dar. Die Radionuklide werden im Labor an Bodenproben gemessen, die nach der Entnahme in Kunststoffbehältern aus Polyethylen oder Polypropylen transportiert werden. Die Messung erfolgt entweder nach Homogenisierung des Substrats oder im Filtrat nach nasschemischem Aufschluss im **Gammaspektrometer.** Das Messprinzip dieser Einrichtung beruht auf der durch Gamma-Quanten verursachten Wechselwirkung mit Materie (Foto-, Compton- und Paarbildungseffekt). Der Fotoeffekt wird zur Nuklididentifikation genutzt, die Emissionswahrscheinlichkeit wird dann zur Bestimmung der Aktivität herangezogen (HAUG/REINECKE 1990).

4 Geomorphologie

4.1 Aufgaben und Ziele

Die Geomorphologie beschäftigt sich in der **Grundlagenforschung** mit der Verbreitung, Beschreibung und Deutung der Genese der Oberflächenformen. Studien, Messreihen und Versuche zu Verwitterung, Abtragung und Akkumulation, die unter den heutigen Bedingungen im System Relief–Boden ablaufen, zeigen, welche Formen sie hervorbringen, erhalten oder zerstören können und gehen unter aktualistischen Gesichtspunkten in die Modellbildung ein. Die Raummuster von Relief und Boden sowie Prozessanalysen sind wichtige Grundlagen für **Ökosystemanalysen oder für praxisrelevante Planungen** und auch für **Meliorationen** (agrarwirtschaftliche Bodenverbesserungen).

Die geomorphologischen Forschungen zur Reliefgenese beruhen auf **Geländearbeiten**, die heute meist in Kombination mit **Fernerkundungen** erfolgen. Die Ausprägung der Geländeformen und die Raummuster von Oberflächenformen werden kartiert, deren Relationen zu geologischen und petrographischen Strukturen erfasst und die Korrelation zu datierten Geophänomenen ermittelt. Die Verbreitung von Sedimenten und Verwitterungsresiduen wird dokumentiert und mittels **Laboranalysen** quantifiziert und datiert.

Die Studien zur Verwitterung, Abtragung und Akkumulation liefern Messreihen, die zusammen in Modelle eingehen, die in jüngster Zeit mit digitalen Geländemodellen und dem Einsatz von GIS eine neue Quantifizierung erfahren.

Geomorphologische Arbeitsmethoden

4.2 Aufnahme der Oberflächenformen

Die Aufnahme der Formen im Gelände bezweckt in erster Linie eine Bestandsaufnahme. Diese kann den Richtlinien von KUGLER (1964, 1965) oder TRICART (1972) oder der **Anleitung der Geomorphologischen Karte** 1: 25.000 der Bundesrepublik (GMK 25) folgen (LESER/STÄBLEIN 1975). Letztere hatte die Zielsetzung, für eine Interpretation und Inwertsetzung des Reliefs die geomorphologischen Sachverhalte flächendeckend und in einer hinreichenden Differenzierung darzustellen.

Unabhängig von diesen Vorgaben gibt es viele **Kartierungen,** die für einzelne Formenelemente Symbole festlegen und diese dann in ihrer räumlichen Verbreitung darstellen. Kartierungen aus Fernerkundungen werden in Trainingsflächen im Gelände verifiziert.

Die Bestandsaufnahme aus den Geologischen Karten und der Literatur zu Gesteinslagerungen, Schichtenverlauf, Alter und Art der Gesteine weisen Landschaften primär als **Abtragungslandschaften** und **Akkumulationsgebiete** aus. Bei einer weiteren Analyse werden aus dem Verlauf von

Bestandsaufnahme

1 *Neigung* der flächenhaften Reliefelemente
(B > 100 m, in Ausnahmefällen bis 25 m)
(Strichaufrasterung der Farbflächen; Areale stoßen ohne linienhafte Begrenzung aneinander. Die Raster sind hier nur als Muster dargestellt.)

	Rastergrade	Flachland	Mittelgebirge	Hochgebirge
1.1	0 %	0°—0,5°	0° —0,5°	0°— 2°
1.2	10 %	> 0,5°—2°	> 0,5°—2°	> 2°—15°
1.3	20 %	> 2°— 4°	> 2°— 7°	> 15°—25°
1.4	30 %	> 4°— 7°	> 7°—11°	> 25°—35°
1.5	40 %	> 7°—11°	> 11°—15°	> 35°—45°
1.6	50 %	> 11°—15°	> 15°—35°	> 45°—60°
1.7	60 %	> 15°	> 35°	> 60°
1.8		60°—90°	(B = < 100 m; vgl. auch 4.7)	

(s = 0,2; g = 3)

1.9 Neigungsangaben (in ° oder %), speziell für lineare Reliefelemente, z. B. Tiefenlinien in einen anders geneigten Hang eingeschnitten.

Numerische Angabe oder entsprechend der Neigungsskala 1.1—1.8: Pfeil gibt die Richtung an, Kreisinhalt Neigungswert entsprechend der Rasterrichtung.

Bsp. für Flachland

0° — 0,5°
> 0,5°— 2°
> 2°— 4°
> 4°— 7°
> 7°—11°
> 11°—15°
> 15°—60°
> 60°—90°

2 *Wölbungslinien* auf Reliefelementen. Verfeinerung je nach Gelände und morphogenetischer Aussagekraft.
(B > 100 m)
(Dunkelbraune Linien, bzw. in der jeweiligen Prozessfarbe; vgl. 13)

	konvex	konkav	Radius des Krümmungskreises
2.1			6—< 300m (s = 0,4)
2.2			300—600 m (s = 0,2) (a = 0,2)
(2.3)			Wechsellinie (Grenze zwischen Konvex- u. Konkavbereich) (s = 0,4)

3 *Wölbungen* von Kuppen und Kesseln
(B > 100 m)
(Signaturen in Dunkelbraun bzw. der jeweiligen Prozessfarbe; vgl. 13)

			Radius des Krümmungskreises
(3.1)	✦	Vollform	< 300 m (g = 1,8)
(3.2)	o	Hohlform	< 300 m (g = 1,8)
(3.3)	✦	Vollform	300—600 m (g = 2,0)
(3.4)	⊖	Hohlform	300—600 m (g = 2,0)

4 *Stufen, Kanten und Böschungen*
(B < 100 m der an der Konstitution beteiligten Reliefelemente)
(Signaturen in Braun bzw. der jeweiligen Prozessfarbe; vgl. 13)
Darstellung der Stufenhöhe durch Variation des Zahnabstandes:

KANTE / BÖSCHUNG / STUFE

(s = 0,1)

4.1		0—1 m	(a = 3)
4.2		> 1—2 m	(a = 2)
4.3		> 2—5 m	(a = 1)
4.4		> 5 m	(a = 0,5)

Darstellung der Grundrissbreite der Stufe durch Zahnlänge

4.5		1— 5 m	(b = 0,7)
4.6		> 5—10 m	(b = 1,4)
4.7		> 10 m	(b = 1,2)
4.8		mit Fußknick	(b = 1,2)

Darstellung der Böschungsneigungen durch die Form der Zähne
(B < 25 m)   (s = 0,1; g = 1,0)

(4.9)		Flachböschung < 15°	(b = 1,0)
(4.10)		Steilböschung 15°—60°	(b = 1,5)
(4.11)		Wandstufe > 60°	(b = 2,0)
Bsp.		Stufe mit 20°-Böschung und 3 m Höhe, dargestellt unter Berücksichtigung der Differenzierungen unter 4	

5 *Täler und Tiefenlinien*
(B < 100 m, breitere Talformen werden in die Reliefelemente aufgelöst dargestellt)
(Signaturen in Grün bzw. der jeweiligen Prozessfarbe; vgl. 13)
Kleinformen (B = 25—< 100 m)   (s = 0,1—0,2; b = 0,4—0,8)

← Fließrichtung

5.1		Muldental
5.2		Sohlental
5.3		Kerbtal
5.4		Kastental
5.5		Darstellung hangasymmetrischer Täler durch Kombination der o. a. Talsignaturen

Kleinformen (B < 25 m)   (s = 0,1—0,2; b = 1,2)

5.6		muldenförmige Tiefenlinie
5.7		kastenförmige Tiefenlinie
5.8		kerbförmige Tiefenlinie
5.9		Wasserscheide, Talwasserscheide

6 *Kleinformen und Rauheit*
Kleine Einzelformen, die nicht mehr in Reliefelemente auflösbar sind. Hierfür entfällt auch die Wölbungsdarstellung.
(B < 100 m)
(Signaturen in Schwarz bzw. der jeweiligen Prozessfarbe; vgl. 13)
(s = 0,2; a = 0,5; g = 1)

6.1		Kuppe
6.2		Kessel
6.3		Schale
6.4		Nische
6.5		Sporn
6.6		Gesims
6.7		Grat
6.8		Wall ⌒
6.9		Flachrücken, Damm ⌒
6.10		Fächer und Kegel
6.11		Spalten
6.12	⟺ Hw	Hohlweg

Die Signaturen 6.1, 6.2, 6.4, 6.5, 6.6, 6.8 und 6.9 können unter Berücksichtigung der Differenzierungen unter 4 verwendet werden.

Kleinformenbereiche

Treten Kleinformen (B < 100 m) in einem Bereich so zahlreich auf, dass sie nicht mehr alle einzeln darstellbar sind, so wird mit ähnlichen aber kleineren Signaturen für die Kleinformen eine Flächenbezeichnung durch Summensymbole in regelmäßig verteilter Musterung gegeben; z. B.:

6.13		Kuppenfeld
6.14		Kesselfeld
6.15		Strichdünenfeld
6.16		Parabeldünenfeld

Rauheit der flächenhaften Reliefelemente

(B > 100 m, wobei die Mikroformen B < 1 m)
(Symbolmuster in Schwarz bzw. der jeweiligen Prozessfarbe; vgl. 13)
(s = 0,1; a = 2; g = 1; b = 2—3)

(6.17)		rillig
(6.18)		wellig
(6.19)		höckerig
(6.20)		kesselig
(6.21)		stufig

7 *Formen und Prozessspuren, die in Aufschlüssen beobachtbar sind*
(Signaturen in Schwarz bzw. der jeweiligen Prozessfarbe; vgl. 13)

7.1	Würgeboden
7.2	Frostmusterformen
7.3	Eiskeile
7.4	Glaziale Stauchung
7.5	Karstschlotten

Oberflächennaher Untergrund

Autochthones und allochthones Fest- und Lockergestein werden genetisch und substanziell in der Regel ab 50 cm, in Ausnahmen ab 20 cm Mächtigkeit bis 100 cm Tiefe unter Flur erfasst. Die Verbreitungsareale (B > 100 m) werden mit gerissener schwarzer Linie abgegrenzt. — In ausgewählten Fällen können auch kleinere Verbreitungsareale des oberflächennahen Untergrundes dargestellt werden. — Wo formbestimmend bedeutsam, kann auch der tiefere Untergrund mit ähnlichen Darstellungsmitteln wie das Oberflächengestein unter klarer Kennzeichnung in der Legende als Untergrundgestein dargestellt werden (vgl. 11). Der Untergrund nach stratigraphischen und tektonischen Einheiten, wie er in der geologischen Karte wiedergegeben wird, kann auf einer Übersichtsnebenkarte beigefügt werden.

8 *Körnung, Zusammensetzung und Charakterisierung des Lockermaterials*

Der formbestimmende Prozess ist der kartographisch vorrangigere. Unter- und Überlagerungen werden durch Materialsignaturen in der jeweiligen Prozessfarbe darüber gezeichnet und durch die Anordnung ausgedrückt (vgl. 10).

Körnungskennzeichnung
(Symbolmuster in Schwarz oder in der jeweiligen Prozessfarbe, vgl. 13)
$(s = 0,1)$

8.1		(T) Ton (< 0,002 mm)	$(a = 1—1,5; b = 1,5)$
8.2		(U) Schluff (> 0,002—0,063 mm)	
8.3		(S) Sand (> 0,063—2,0 mm)	$(g = 0,2)$
8.4		(G) Geröll (einschließlich Kies)	$(g = 0,8)$
8.5		(X) Schutt Steine (> 2—200 mm) (einschließlich Grus)	$(g = 1,5)$
8.6		(B) gerundete	
8.7		(K) kantige Blöcke (> 200 mm)	$(g = 2)$

8.8 Körnungsgemische ergeben sich durch Kombination der Körnungssignaturen: z. B. Terrassensediment

Bsp.

Charakterisierung des Lockermaterials

| 8.9 | | Geschiebelehm/Geschiebemergel |

8.10 Kalkiges Lockermaterial; Darstellung durch Kombination der Körnungssignaturen mit kleinen Halbkreissignaturen (für „c") $(g = 1)$

| Bsp. | | Kalkiges, sandiges Geröll |

Organisches Substrat

8.11		Niedermoor
8.12		Hochmoor
8.13		Ortstein

9 *Lagerung des Lockermaterials*

9.1		geschichtet
9.2		eingeregelt (Transportrichtung)
9.3		homogen (ungeschichtet und nicht eingeregelt)
9.4		in situ (nicht verlagert)

10 *Schichtigkeit und Mächtigkeit des Lockermaterials*

10.1  Deckschichten können mit einer schwarzen waagerechten Schraffur in Streifen im Wechsel mit der Hauptschicht angegeben werden.

Bsp. Geröllbedeckung über Sand

10.2 Unterlagernde Schichten können mit einer schwarzen senkrechten Schraffur in Streifen im Wechsel mit der Hauptschicht angegeben werden.

Bsp. Geröll, das von Ton unterlagert ist

10.3 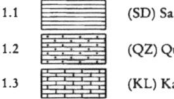 Mächtigkeit nur in ausgewählten Einzelangaben in dm in Rechtecken; bei Schichtigkeit Angaben mit Abkürzungen der jeweils vorherrschenden Korngröße

11 *Gestein*

Oberflächengestein
(Symbolmuster in Rotbraun bzw. der jeweiligen Prozessfarbe, vgl. 13)
$(s = 0,1; a = 1)$
Stärkere Differenzierungen der Oberflächengesteine nach lithologischen und stratigraphischen Verhältnissen bleiben den einzelnen Kartenautoren überlassen, die sich bei einer verfeinerten Darstellung nach den geländegegebenen Notwendigkeiten richten müssen.

11.1		(SD) Sandstein
11.2		(QZ) Quarzit
11.3		(KL) Kalkstein
11.4		(DM) Dolomit	$(b = 4)$
11.5		(MG) Mergel
11.6		(SF) Schiefer (nicht metamorph)
11.7		(MT) Metamorphit
11.8		(ET) Effusit/Ergussgestein
11.9		(PT) Plutonit/Tiefengestein
11.10		(BZ) Brekzie
11.11		(KG) Konglomerat
11.12		Streichen und Fallen der Gesteinsschichten z. B.: Fallen 5° nach SE	$(g = 1, b = 10)$

Untergrundgestein

11.13 Der Untergrund, wie er in der geologischen Karte wiedergegeben wird, soll auf einer Nebenkarte der geomorphologischen Karte beigefügt werden.

11.14 Das Untergrundgestein kann auch in der geomorphologischen Karte selbst, wo es morphologisch bestimmend ist, durch Raster oder Farbvarianz dargestellt werden (vgl. 13).

Morphodynamik und Morphogenese

12 *Geomorphologische Prozesse* in ausgewählter Darstellung, wo zugehörige Formen aus Maßstabsgründen nicht wiedergegeben werden können (Signaturen bei aktuellen Prozessen Orangerot, sonst Schwarz; vgl. 13)
$(s = 0,1; a = 3)$
Wenn *Disposition Gefährdung* für das Auftreten bestimmter aktual-geomorphologischer Prozesse ausgedrückt werden soll, werden die Signaturen in K l a m m e r n gesetzt

Bsp.		Disposition für flächenhafte Abspülung
12.1		flächenhafte Abspülung
12.2		Rinnenspülung
12.3		Steinschlag
12.4		Rutschung allgemein	$(b = 2)$
12.5		Rutschung im Block
12.6		Rutschung in Schollen

12.7		Bodenkriechen
12.8		Solifluktion (Cryo- oder Gelisolifluktion)
12.9		Murenbildung
12.10		Lösung (b = 2; g = 1)
12.11		Setzung (b = 2; g =1,5)
12.12		Sackung
12.13		Suffusion
12.14		Seitenerosion (b = 2,5; g = 1,2)
12.15		Tiefenerosion
12.16		Akkumulation
12.17		Unterspülung und Kehlenbildung (b = 2,5; g = 1,2)
12.18		Abrasion
12.19		Deflation (b = 3)
12.20		Bildung von Frostaufbrüchen (b = 3; g = 1)
12.21		Planierende Wirkung des Pflügens / anthropogene Planation (b = 2,5; g = 1)
12.22		Bildung von Viehtritten (b = 2,5; g = 1)

13 *Geomorphologische Prozess- und Strukturbereiche*
(den Signaturen, Symbolen und flächenhaften Reliefelementen zuzuordnende Farben für Prozesse und Genese bei Arealen mit B > 100 m jeweils nach dem vorherrschend formbestimmenden Prozess)

			(Stabilofarbstifte)
13.1	weinrot	tektonisch/magmatisch	(8750 carmoisin)
13.2	blau	marin/litoral/lakustrisch/limnisch	(8731 kobaltblau)
13.3	gelb	äolisch	(8720 zitronengelb)
13.4	blaugrün	karstisch/subrosiv/korrosiv	(8751 türkisblau)
13.5	violett	glazial/nival	(8755 violett)
13.6	lila	cryogen/gelid	(8727 erika)
13.7	grün	fluvial	(8733 maigrün)
13.8	dunkelgrün	glazifluvial	(8713 eisgrün)
13.9	ocker	denudativ [4]	(8739 goldocker)
13.10	rotbraun	strukturell	(8738 rötel)
13.11	braun	gravitativ	(8735 sepiabraun)
13.12	blaugrau	organogen/biogen	(6891 blaugrau)
13.13	dunkelgrau	anthropogen	(8749 dunkelgrau)
13.14	orangerot	aktuell	(8730 vermillon)

13.15 Durch unterschiedliche Farbtöne bzw. Farbwerte können folgende Unterschiede ausgedrückt werden:

(1) *Verschiedenheit der Transportbilanz*
Abtragung (dunkler), Ablagerung (heller), z. B.:

Abtragung	Ablagerung	Prozessgruppe
Stabilo-Farb-Nr.		
8741	8731	marin
8755	8732	glazial
8727	8756	cryogen
8743	8733	fluvial

(2) *Abtragungsverschiedenheiten*
z. B. hell (blaugrün) subrosiv, dunkel (blaugrün) korrosiv
(3) *Genetische Verschiedenheiten*
z. B. dunkel (violett) Endmoräne, heller (violett) Grundmoräne
(4) *Strukturelle Verschiedenheiten*
z. B. dunkel (rotbraun) Schichtflächen im Sandstein, hell (rotbraun) Strukturflächen im Kalk
(5) *Chronologische Verschiedenheiten*
z. B. hell (grün) jüngere Terrasse, dunkel (grün) ältere Terrasse

14 *Hydrographie*
(Signaturen in Hellblau, Stabilonummer 8757 = azurblau)

14.1		Gewässer perennierend, See mit Abfluss
14.2		See ohne Abfluss
14.3		Gewässer, zeitweise fließend
14.4		künstliche Gewässer, ständig fließend
14.5		künstliche Gewässer, zeitweise fließend

[4] Denudativ kann verwendet werden, wenn kein anderer wesentlicher Formungsprozess zu bestimmen ist.

14.6		unterirdischer Abfluss
14.7		Überflutungsbereich, zeitweilig unter Oberflächenwasser stehend (b = 2; g = 1)
14.8		oberflächennahes Grundwasser, weniger als 1 m unter Flur (ggf. Go/Gr-Grenze) (a = 1,5; b = 2)
14.9		Staunässe (a = 1,5; b = 2)
14.10		Quellnässe (a = 1,5; b = 2,5; g = 1)
14.11		Quelle, ständig fließend, ungefasst
14.12		Quelle, ständig fließend, gefasst
14.13		Quelle, zeitweise fließend, ungefasst (g = 1,5)
14.14		Quelle, zeitweise fließend, gefasst
14.15		Karstquelle [s]
14.16		Schluckloch
14.17		Stromschnelle, Wasserfall
14.18		Wehr, Staustufe
14.19		Abflussmenge: Jahresmittel/Minimum-Maximum in Liter pro Sekunde (b = 6; g = 2)

Ergänzungen und Situation
15 *Ergänzende Angaben*
(Die Symbole gelten nur für Formen B < 100 m bzw. bei Notwendigkeit zusätzlich zu differenzierterer Darstellung der Formen, die Abkürzungen bei B > 100 m)
(Symbole in der Prozessfarbe, meist in Grau oder Orangerot, 15.11 ff. in Schwarz) (b = 2; g = 2)

15.1	∩ Hl	Höhle
15.2	△ Hd	Halde
15.3	⬠ Kg	Kiesgrube
15.4	∩ Lg/Tg	Lehm- und Tongrube
15.5	∪ Md	Mülldeponie
15.6	⌣ Pg	Pinge

[s] Umrahmung der Signatur in Türkisblau (Stabilo-Nr. 8751) = karstisch (vgl. 13.4).

15.7	⬠ Sg	Sandgrube
15.8	⬠ Sb	Steinbruch
15.9	⊔ Tb	Tagebau (b = 4; g = 1,5)
15.10	⊔⊔ Ts	Torfstich
(15.11)		Bohrung, Grabung mit Nr. (b = 1,5/g = 2)
(15.12)	α₂	Altersangabe durch stratigraphische Abkürzung, z. B. Würm-Kaltzeit
(15.13)		metrische Angaben zu Hohlformen in dm: Breite (Zähler), Tiefe (1. Nennerzahl), Wassertiefe (2. Nennerzahl), im Lockergestein (offene Klammer)
(15.14)		im Festgestein, Angaben in unten geschlossener Klammer
(15.15)		metrische Angaben zu Vollformen in dm: Höhe (Zähler) und Breite (Nenner)
(15.16)		Profillinien, die Lage der Profile in der geomorphologischen Karte angebend

16 *Situation* wird durch die in Graudruck unterlegte topographische Karte 1 : 25 000 dargestellt. Diese ist jedoch hinsichtlich des Gewässernetzes durch die geomorphologische Aufnahme zu korrigieren.

Abb. 4.1: Kartieranleitung zur Geomorphologischen Karte (a = Zeichenabstand in mm, b = Zeichenbreite in mm, g = Zeichengröße in mm, s = Punkt- oder Strichstärke in mm; Go = roter Oxidationshorizont, Gr = grauer Reduktionshorizont) (nach LESER/STÄBLEIN 1975).

Gesteinsschichten und Großformen **Schichtstufenlandschaften** und **Rumpfflächenlandschaften,** aus den dominierenden Gesteinen **Vulkanlandschaften** und **Karstregionen** sowie **glaziale und periglaziale Aufschüttungslandschaften** ausgewiesen. In diesen sind dann die einzelnen Geländeformen oder Zeugen von Verwitterungs- und Abtragungsprozessen erfasst, die in ihrer Formenverteilung und im Aufbau der Einzelformen in Lehrbüchern der Geomorphologie, der Geologie und Quartärgeologie sowie erläuternden Bildbänden eingehend beschrieben und dokumentiert sind.

Mit Analysen der Sedimente, Verwitterungsresiduen und paläobiologischen Befunden sowie Datierungen werden die Formen und Prozesse eingeordnet.

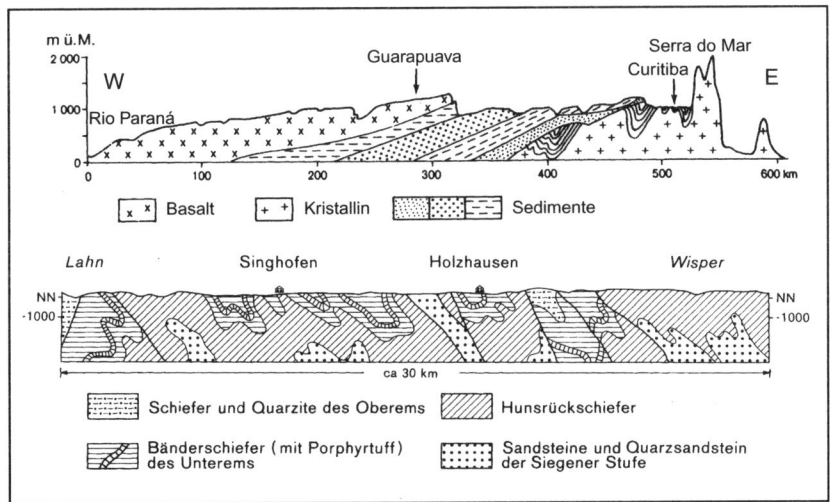

Abb. 4.2: Relationen zwischen Oberflächenformen, Gesteinen und Lagerung der Schichten. Obere Abbildung: Schichtstufenlandschaft in Südbrasilien mit petrographisch-strukturell bedingten Formen (nach SEMMEL 1991, S. 26). Untere Abbildung: Rumpffläche im Rheinischen Schiefergebirge, unabhängig von geologischen Lagerungsverhältnissen und Gesteinstypen (BLUME 1991, S. 47).

4.3 Prozesse und Datierungen

Relief – Geologie – Böden – Sedimente bilden bei der Betrachtung der Reliefgenese und bei der Prozessanalyse zur Formengenese eine Einheit. Gebirgsbildung und Hebungen geben Impulse für geomorphologische Prozesse, die Verknüpfung von Oberflächenformen mit geologischen Schichten erste Zeitmarken für die Formengenese. Von Abtragungsformen erfasste geologische Schichten liefern eine postgenetische Zeitmarke, auf Abtragungsformen aufliegende Schichten wie Vulkanite oder marine Sedimente zeigen für das Relief eine prägenetische Zeitmarke. Das Raummuster von

Relief- und Formengenese

Oberflächenformen und Böden kann durch die Analyse der Böden im Labor Daten für die Verwitterung liefern. Sedimente, die auf Landoberflächen auflagern, können durch eine moderne Laboranalytik Hinweise auf Sedimentationsbedingungen liefern und bieten absolute Zeitmarken. Verwitterung und Sedimente wiederum geben Auskunft zu paläoklimatischen Bedingungen und damit Hinweise auf die Entstehungsbedingungen der Formen.

Für die Einordnung von Verwitterung, Böden und Sedimenten als Kriterium für die Formengenese dienen rezente Studien in unterschiedlichem Relief und Klimaregionen.

4.4 Fallstudie: Gebirgsbildung und Hebungsvorgänge

Die Heraushebung einer Region oder globale Veränderungen des Meeresspiegels sind eng verknüpft mit Gebirgsbildungen. Morphologisch können Kartierungen von ehemaligen Küstenlinien oder die heutige Höhenlage von marinen Sedimenten Informationen über die nachträglichen Verstellungen geben. Weiterhin werden die Plattentektonik (FRISCH/MESCHEDE 2005) und Datierungen über Spaltspuranalysen (s. u.) für Hebungsvorgänge herangezogen.

Die heutigen Oberflächenformen gehen auf Prozesse seit dem ausgehenden Mesozoikum zurück. Für die Zeitspanne Ende Jura bis heute liefern geotektonische Studien zur alpidischen Orogenese viele regionale Informationen.

Plattentektonische Gebirgsbildung

Die **Kollision von Platten,** die Gebirgsbildung im geotektonischen Sinne, führt zur Verdickung der Kruste. Dies ändert die Druckverhältnisse der auf der weichen Zone des oberen Erdmantels (Astenosphäre) schwimmenden Lithosphäre (oberster Erdmantel und Erdkruste). Gemäß dem archimedischen Prinzip kommt es zu Ausgleichsbewegungen und die Region steigt auf, es entsteht **morphologisch** ein **Gebirge.** Dieser Aufstieg erfolgt mit der Verzögerung von einigen Millionen Jahren und die Ausmaße der Hebungen stehen in Relation zur Krustendicke und den Veränderungen durch Erosionsprozesse in dem aufsteigenden Gebirge. Die Hebung kann mit Spaltspuranalysen (s. u.) erfasst werden.

Weiterhin bewirkt die Plattenkollision, dass Krustenblöcke Ausweichbewegungen durchführen und es zur Bildung von **Grabenstrukturen** und zur Bildung von **metamorphen Domen** kommt. Die Sedimente in solchen Gräben und Extrusionsbecken bei der Heraushebung ergeben Hinweise auf die tektonische Entwicklung, aus den Gesteinen der metamorphen Dome können Spaltspuranalysen Zeitmarken liefern.

Weiterhin bewirken die Plattenbewegungen Veränderungen der Ozeane und der Ozeanbecken und sind für **Meeresspiegelschwankungen** und auch für Paläoklimaänderungen wichtige Informationsquellen.

Altersbestimmung von Hebevorgängen

Spaltspuranalysen (fission-track) sind eine Methode der Altersbestimmung, die für Datierungen zwischen 300 ka bis 10 Ma (ka = Tausend Jahre; Ma = Millionen Jahre) geeignet sind und auf der spontanen Kernspaltung des Urans beruhen. Diese lässt hochenergetische Kerntrümmer entstehen,

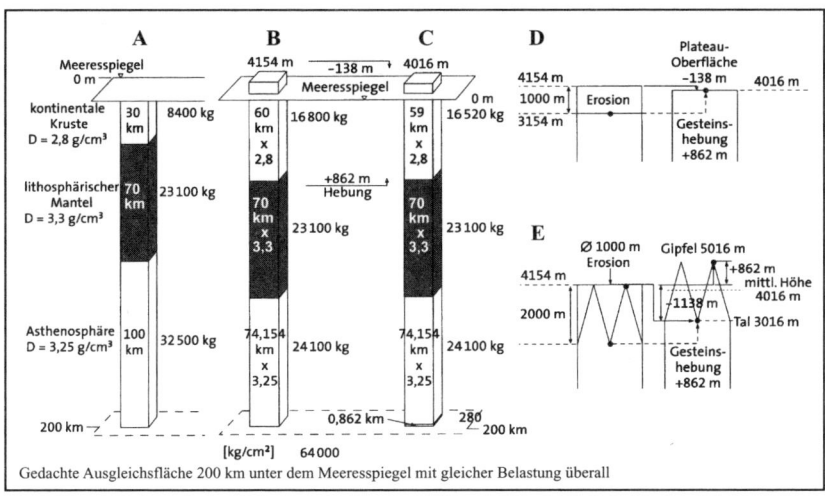

Abb. 4.3: Auswirkungen von Gesteinsabtrag (Erosion) und Reliefbildung auf Hebung und topographische Oberflächengestaltung. Während durch Erosion die mittlere Höhe erniedrigt wird, bewirkt das Einschneiden von Tälern einen Aufstieg der Gipfelpartien.
A – Ausgangslage mit einer 100 km dicken Platte mit kontinentaler Kruste. B – Verdoppelung der Krustendicke durch Gebirgsbildung. C/D – Gleichmäßige Erosion von 1000 m bewirkt Erniedrigung der Oberfläche um 138 m und Gesteinshebung um 862 m. E – Erfolgt die Erosion in Tälern und verschont die Gipfel, steigen die Gipfel bei gleichem Erosionsvolumen 862 m auf, während die mittlere Höhe um 138 m erniedrigt wird (nach FRISCH/MESCHEDE 2005, S. 157 f.).

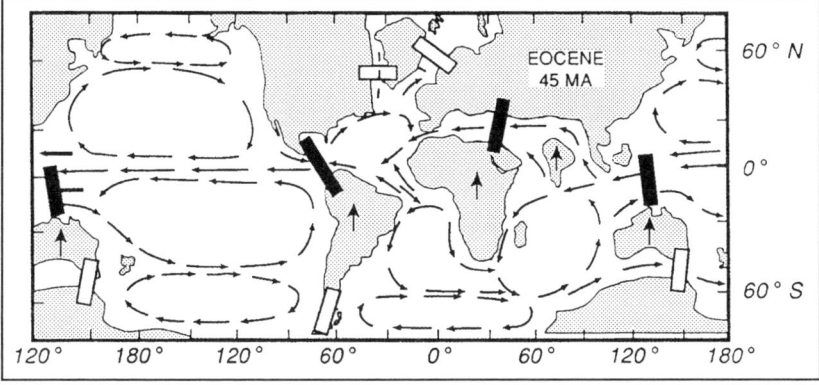

Abb. 4.4: Tektonische Leitmotive des Tertiärs: Schließung tropischer Verbindungen zwischen den Weltmeeren (Schwarze Balken) und Entwicklung des Kaltwasserringes um den antarktischen Kontinent durch Öffnen von Meeresstraßen (weiße Balken) nach SEIBOLD, BERGER, und HAQ (WEFER/BERGER 2001, S. 94).

die im Kristallgitter von Nichtleitern Spuren hinterlassen. Sie können in einer durch Zertrümmern des Gesteins und unter Einsatz von Schwereflüssigkeiten gewonnenen polierten, reinen Mineralphase durch Anätzen verstärkt und lichtmikroskopisch ausgezählt werden. Ihre Anzahl ist ein Maß für das Alter der Probe, wobei der Alterswert die Mineralbildung datiert. Wesentlich für die Datierung von Hebungen ist, dass die Spaltspuren durch hohe Temperaturen ausgeheilt werden. Bei den Ausheiltemperaturen wird die Spaltspuruhr auf Null gestellt. Für Hebungen bedeutet dies, dass erst, wenn eine Region innerhalb des Gebirges in einem Bereich unterhalb der Ausheiltemperatur gelangt (105–150°C bei Apatit, 200 ± 30°C bei Hornblende, Muskovit, Zirkon und 250°C bei Allavit, Epiodot und Titanit – GEYH 2005, S. 125), die Spaltspuruhr zu laufen beginnt. Aus Tiefentemperaturwerten und Spaltspuren lassen sich mit Profilen und Traversen über Gebirge Hebungsraten ermitteln (GEYH 2005, WAGNER 1995).

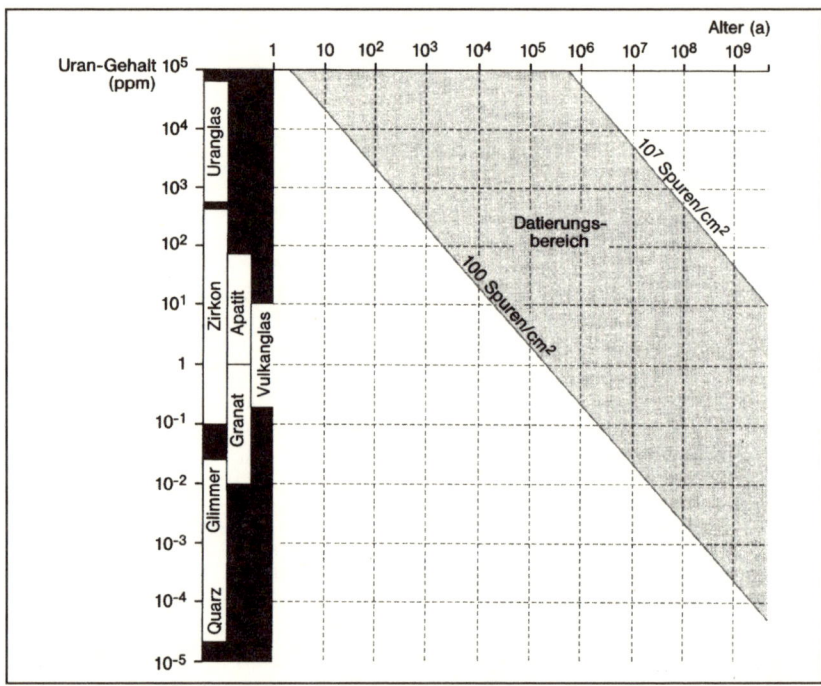

Abb. 4.5: Anwendungsbereiche der Spaltspurenmethode für verschiedene Minerale in Abhängigkeit von ihrem Uran-Gehalt (GEYH 2005, S. 124).

4.5 Fallstudie: Glaziäre und periglaziäre Ablagerungen

Das Vordringen der eiszeitlichen Gletscher in die Gebirgsvorländer sowie die Ausbreitung der Inlandeismassen in ihrem zeitlichen Ablauf und den Formengemeinschaften und Sedimentablagerungen waren vom Anfang der geomorphologischen Forschungen an ebenso wie die Terrassen des Mittelgebirgsraumes wesentliche Forschungsobjekte.

Gliederung der Eiszeiten

Für die **Gletscher- und Schmelzwasserablagerungen** waren es zuerst geomorphologische und stratigraphische Zuordnungen, die zur **Penck'schen**

Eiszeitengliederung führten. Diese wurde zwar weiter entwickelt und aus dem Alpenraum auf andere Regionen zu übertragen versucht, doch kann sie nur noch als **chronostratigraphisches Grundgerüst** für den Alpenraum aufgefasst werden, da die inzwischen aus der Tiefseeforschung gewonnene, international anerkannte Quartärstratigraphie neue Einteilungen vorgibt.

Die Flussterrassen in den Mittelgebirgen, deren kaltzeitliche, aber periglaziäre Entstehung aus Parallelisierungen mit den Sanderablagerungen gefolgert wurde, konnten dadurch auch primär in die Penck'sche Eiszeitenchronologie eingeordnet werden.

Die Einzelformen der glaziären, fluvioglaziären und periglaziären Ablagerungen wurden durch die Sedimentausprägung, die Lagerungsverhältnisse und die Zurundung der Gerölle bereits im Aufschluss zugeordnet.

Moränen: ein Gemenge aus ungeschichteten, kantigen Gesteinsblöcken unterschiedlicher Größe sowie Schottern, Sand und Lehm.

Glazifluviale Ablagerungen im Sander: geschichtete Ablagerungen mit kantengerundeten Geröllen.

Periglaziale Flussablagerungen: geschichtete Ablagerungen mit gut gerundeten Geröllen, syngenetische Kryoturbationen, Driftblöcke, am Hang Verzahnungen mit Solifluktionsschutt.

Im Gegensatz dazu **Präquartäre Flussablagerungen:** gut gerundete Restschotter, Quarz und Quarzitgerölle dominieren in toniger Matrix.

Nach Einordnung der Ablagerung wurden diese dann in ihrer räumlichen Verbreitung durch Kartierungen in die **glaziale Serie** oder in das **Terrassenschema** eines Flusstales eingeordnet. Die Genese eines Raumes mit der zeitlichen Einstufung der Prozesse wurde durch das unterschiedliche Raummuster der Eisvorstöße bzw. durch das treppenartige Auftreten von Terrassen im Flusstal begünstigt. Die älteren Eisvorstöße hatten eine größere Ausdehnung als die der letzten Eiszeit, wodurch die älteren Ablagerungen nicht überall von jüngeren überlagert oder beseitigt wurden, sondern die ursprünglichen Formen durch periglaziäre Prozesse verwischt und ebenso wie die höheren Flussterrassen in den Mittelgebirgen mit Deckschichten überlagert wurden.

Die Zuweisung von Moränen erfolgte zuerst über die räumlichen **Anordnungen und Abfolgen der glazialen Serie**, wobei die jeweiligen Sander im Hebungsgebiet des Alpenvorlandes terrassiert und die jüngeren jeweils in die älteren Sander eingeschnitten sind. Weiterhin wurden Aufschlüsse und Bohrungen herangezogen, bei denen warmzeitliche Zeugen von kaltzeitlichen Ablagerungen unter- und überlagert wurden. Im Küstenbereich bot die Kombination der kaltzeitlichen Ablagerungen mit den höheren warmzeitlichen, durch Fossilen belegten Meeresständen weitere stratigraphische Einordnungen an.

Bei den **Flussterrassen in Hebungsgebieten** galt primär, dass die höhere Terrasse jeweils eine ältere kaltzeitliche Ablagerung sei, in die sich nach einer Einschneidungsphase eine jüngere Akkumulationsphase der nächsten Kaltzeit anschloss.

Das Herkunfts- bzw. Einzugsgebiet eines Gletscher- oder Flusssystems wird durch eine **petrographische Geröllanalyse** oder durch **Schwermineralanalysen** der Ablagerungen im Vergleich mit spezifischen Gesteinen des möglichen Herkunft- oder Einzugsgebietes ermittelt.

Räumliche Verbreitung

Herkunfts- und Altersanalysen

Analysen des **Verwitterungsgrades** des Feinmaterials (unter 2 mm) ergeben eine relative Altersgliederung. In den Sedimenten eingelagerte Tierknochen, Pflanzenreste, Spuren des eiszeitlichen Menschen boten primär erste Einordnungen und werden heute zu Datierungen herangezogen.

Bodenentwicklung im Quartär

Auf den eiszeitlichen Ablagerungen befinden sich **Deckschichten**. Es sind kaltzeitliche Fließ- und Schwemmlagen, Flugsand und Löss. In diesen sind **Paläoböden** aus den Warmzeiten und den klimatischen Schwankungen während der Kaltzeiten entwickelt sowie vulkanische Aschen und Tephra (festes Eruptionsmaterial) von quartären Vulkanausbrüchen eingelagert. Pollen, Großreste von Pflanzen und Tieren sowie auch Spuren des eiszeitlichen Menschen sind auch in den Deckschichten enthalten. Trotz lokaler Erosionsphasen während des Quartärs können mittels unterschiedlicher Methoden Stratigraphien für das gesamte Quartär erstellt werden (EHLERS 1994, GEYH 2005, WAGNER 1995).

In den kaltzeitlichen Ablagerungen (Fließerden, Löss, Flugsand) haben sich in den quartären Warmzeiten Parabraunerden und in den nicht so verwitterungsintensiven Stadialzeiten Schwarzerden, Humuszonen und Nassböden gebildet. Diese wurden in den folgenden Kaltzeiten bzw. Kaltzeitabschnitten nicht überall abgetragen, sondern von neuen Sedimenten überlagert. Der mehrfache Wechsel von Kalt- und Warmzeiten des Quartärs mit Bodenbildungen erlaubt eine stratigraphische Gliederung (EHLERS 1994).

Klimabedingung im Quartär

Die Klimabedingungen des Quartärs brachten unterschiedliche Vegetationsbilder hervor, die mittels der **Pollenanalyse** dokumentiert werden. Pollenkörner von Bäumen, Sträuchern und Gräsern sind artspezifisch und erhalten sich über geologische Zeiträume in einem feuchten Lagerungsmilieu. Für die Analyse werden die stets feucht zu haltenden oder einzufrierenden, in einem Rahmen entnommenen, ungestörten Proben mit Flusssäure behandelt, um die Pollenkörner von dem silikatischen Anteil der Proben zu befreien. Nach Neutralisation der Säure und Niederschlag der Pollen mittels einer Zentrifuge werden die auf einen Objektträger gebrachten Pollen am Lichtmikroskop ausgezählt und in einem Diagramm prozentual zum Gesamtpollengehalt dargestellt (JACOMET/KREUZ 1999, LANG 1994).

Bestimmung von vulkanischen Einlagerungen

In die quartären Profile eingelagerte **vulkanische Aschen und Tephra** können durch Schwermineralanalysen erfasst und durch den Vergleich mit dem Mineralspektrum bekannten quartären Vulkanen zugeordnet werden. Die Tephra selbst wird ebenso wie die Vulkane mittels Kalium/Argon datiert.

Die **Kalium-Argon-Methode** beruht auf dem radioaktiven Zerfall des natürlich vorkommenden ^{40}K-Isotopes zum ^{40}Ar-Isotop und erlaubt Datierungen im Zeitraum von 50 ka bis 4,6 Ga (Ga = Milliarden Jahre). Die K-Ar-Uhr wurde durch die Erhitzung beim Zeitpunkt der Eruption durch eine völlige Argonentgasung auf Null gestellt. Wichtig für die Messwerte ist, dass das neu aus dem Zerfall entstehende Argon nicht aus den Mineralen, etwa durch Verwitterung, entweichen konnte. Die Bestimmung selbst erfolgt über eine chemische Kaliumanalyse, und nach nicht näher zu behandelnden Aufschlusstechniken wird das Argon mit dem Massenspektrometer ermittelt. Anhand der Zerfallswerte kann der Zeitpunkt der letzten vollständigen Entgasung, d. h. der Vulkaneruption, bestimmt werden (GEYH 2005, WAGNER 1995).

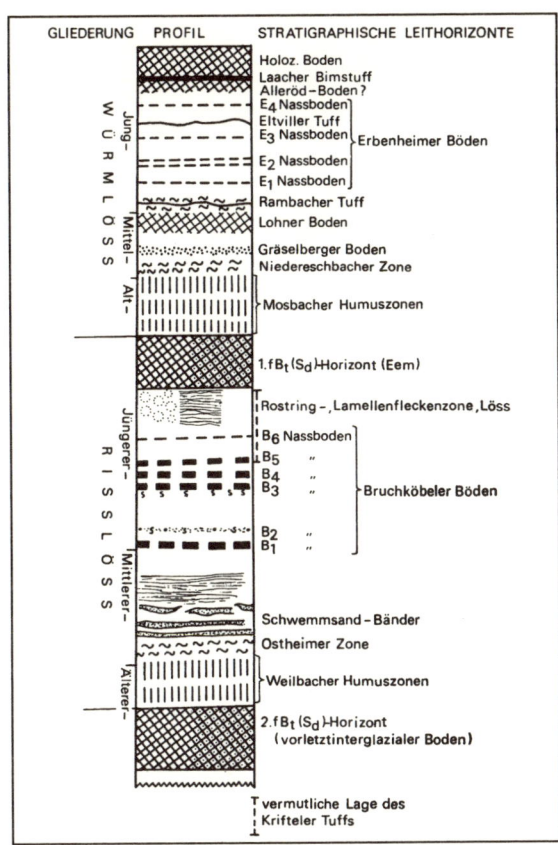
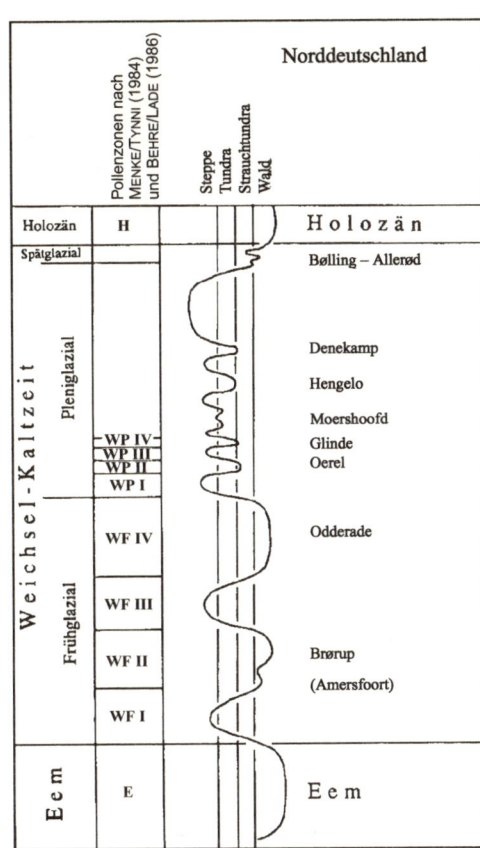

Abb. 4.6: Gliederungen der Deckschichten durch Paläoböden nach SEMMEL und BIBUS (nach EHLERS 1994, S. 278) und mittels des Vegetationscharakters aus Pollenanalysen nach BEHRE und LADE (nach EH-LERS 1994, S. 197).

Eine weitere zeitliche Einordnung der Sedimente bieten **magnetische Messungen.** Grundlage dieser bei Vulkaniten, Tiefseesedimenten, limnischen Sedimenten und Lössen angewandten Methode, die zeitliche Einordnung der letzten 400 Ma erlaubt, ist das Verhalten von ferromagnetischen Mineralen im magnetischen Feld der Erde. Beim Abkühlen von Schmelzen werden die ferromagnetischen Minerale auf das Erdfeld fixiert. Bei Sedimenten, die sich im ruhigen Wasser ablagern, und auch bei Löss können sich die ferromagnetischen Mineralkörner im Magnetfeld einregeln und erhalten durch die Sedimentkompaktion ihre Ausrichtung. Das Magnetfeld der Erde hat sich in unregelmäßigen Abständen umgepolt, so dass Sedimente über die Polarität zugeordnet und mittels K/Ar-Datierungen auch zeitlich bestimmt werden können. Die Messung der magnetischen Ausrichtung wird an in situ (nicht verlagert) entnommenen, horizontal und vertikal orientierten Proben mit einem **Magnetometer** vorgenommen, einem Gerät zur Messung des magnetischen Dipolmomentes und der Feldstärke. Das **SQUID (Superconducting Quantum Interference Device)** ist ein Gerät, das speziell mit einem supraleitenden Ring bei der Temperatur des flüssi-

Bestimmung von Sedimenten

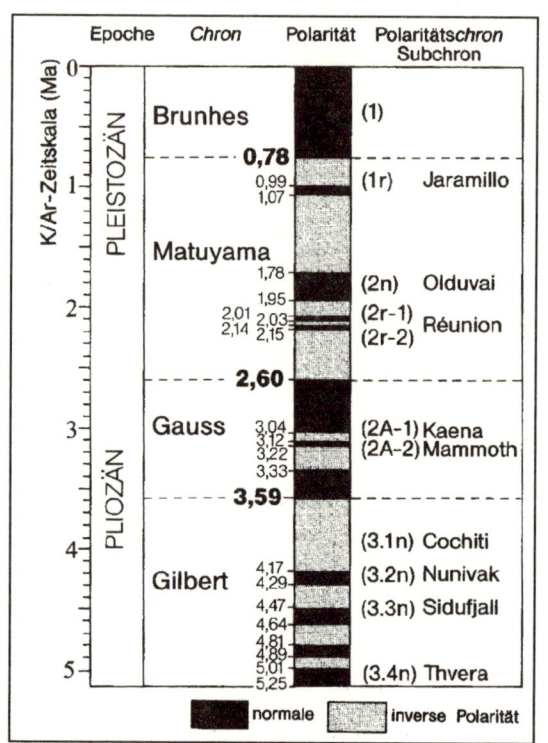
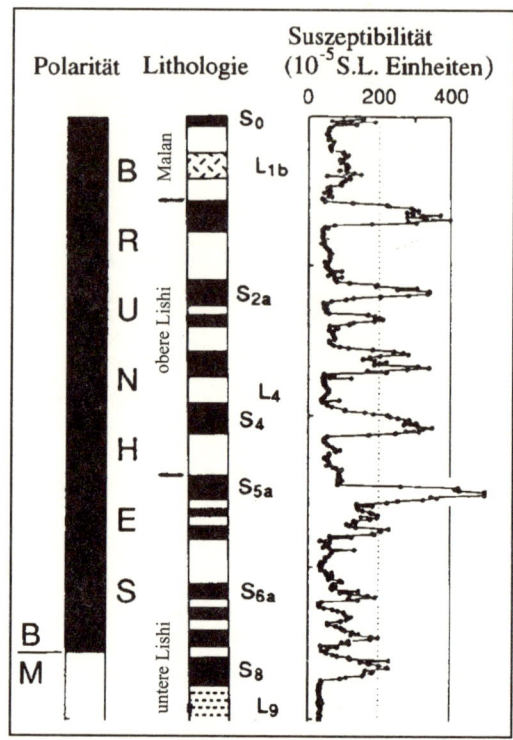

Abb. 4.7: Paläomagnetische Zeitskala der Polumkehrungen mit Zeitskala nach Baksı (Geyh 2005, S. 134) und Ausschnitt des Lössprofiles Xifeng in China, Korrelation zwischen Pedostratigraphie (Löss – weiß, Paläoböden – schwarz) und der Suszeptibilität (Maß für die Magnetisierbarkeit eines Stoffes) nach Heller et al. (Wagner 1995, S. 233).

gen Heliums von −268°C den magnetischen Fluss ermittelt. Die Magnetisierung von Löss/Paläoböden-Sequenzen korreliert mit Paläoböden und erlaubt eine **Magnetostratigraphie** (Ehlers 1994, Geyh 2005, Wagner 1995).

Bestimmung von organischen Einlagerungen   An organischen Bestandteilen und biologischen Makroresteinlagerungen können über die **^{14}C-Radiokohlenstoffmethode** Datierungen vorgenommen werden. Methodische Grundlage ist, dass Stickstoff mit der kosmischen Strahlung reagiert und das Kohlenstoffisotop ^{14}C entsteht, das unmittelbar nach der Entstehung zu CO_2 oxidiert und sich mit dem sonst in der Atmosphäre vorhandenen CO_2 vermischt. Damit gelangt das ^{14}C-Isotop in den Kohlenstoffkreislauf und wird über die Assimilation in Pflanzen und über die Nahrungskette in organische Gewebe von Lebewesen eingebaut. Mit dem Absterben der Pflanzen oder dem Tod der Lebewesen wird kein ^{14}C mehr eingebaut und das vorhandene Isotop im Gewebe wandelt sich gemäß den Zerfallskonstanten.

Konventionelle ^{14}C-Alter lassen sich von 300–50.000, mit Isotopenanreicherung bis 75.000 Jahre bestimmen. Bezugsjahr für die Berechnungen ist das Jahr 1950 n. Chr., der Wert erhält das Symbol BP (before present). Da sich aber in dem Zeitraum Änderungen der kosmischen Strahlung, des

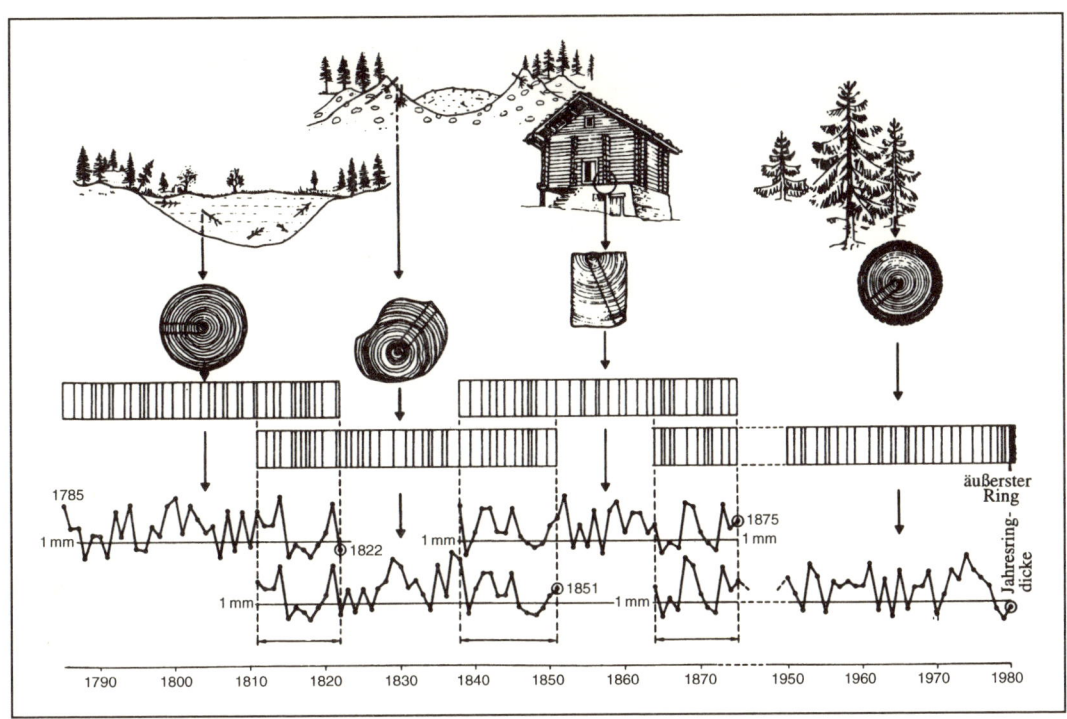

Abb. 4.8: Schematische Darstellung einer dendrochronologischen Überlappung (WAGNER 1995, S. 238).

CO$_2$- und N$_2$-Anteils in der Atmosphäre und Änderungen der CO$_2$-Senken in den terrestrischen Reservoiren ergeben, sind Korrekturen zu einem **kalibrierten ^{14}C-Alter** erforderlich. Hierzu werden Eichkurven verwendet, die anhand von dendrochronologischen Baumringsequenzen gewonnen wurden.

Dendrochronologie ist eine Datierung, die auf der Korrelierung und Auszählung von Baumringen beruht. Bäume einer Art bilden in den mittleren Breiten durch die winterliche Ruhephase in der Vegetationsperiode einen neuen Holzring. Die Dicke des Jahresringes ist von der Witterung seines Entstehungsjahres abhängig. Mittels überlappender Abschnitte unterschiedlich alter Hölzer können die Baumringabfolgen zurückgezählt werden. Für Eichen z. B. liegen bis 7938 v. Chr. lückenlos die Jahrsringe vor.

Bestimmung von Baumringen

Kalibrierte ^{14}C-Werte erhalten den Zusatz cal BC (Kalenderjahre vor Chr.), cal AD (Kalenderjahre nach Chr.) oder cal BP (Kalenderjahre vor 1950). Die Korrekturen für kalibrierte Werte sind bis etwa 24.000 Jahre möglich. Die ^{14}C-Datierung ist eine bewährte Methode, aber die Proben können durch Kontaminationen infolge von Huminsäure-Infiltration, Bioturbation und Durchwurzelung wieder mit rezentem Kohlenstoff angereichert worden sein und ein junges Alter vortäuschen. Besonders Proben mit nur noch sehr geringem primären ^{14}C-Gehalt sind kritisch, so dass vielfach Werte über 30.000 Jahren nur als Minimalaltersangabe angesehen werden.

Weitere Datierungsverfahren

Für die Messung werden die Proben thermisch oder chemisch behandelt, so dass CO$_2$ entsteht, dessen Anteil an ^{14}C-Aktivität mit unterschiedlichen Techniken ermittelt wird. Dies erfolgt entweder mittels Gaszählung im **Proportionalzählrohr,** einem Detektor für elektromagnetische Strahlungen, oder im **Flüssigkeitsszintilator,** einem Gerät, in dem ein Szintilator vorhanden ist, der bei radioaktiver Strahlung Lichtblitze aussendet, deren Impulsrate und Höhe bestimmt wird (GEYH 2005, WAGNER 1995).

TL (Thermolumineszenz) und **OSL (Optisch stimulierte Lumineszenz)** sind Datierungsverfahren, die bei Löss, Flugsand und Kolluvien (von Hängen abgetragenes und am Hangfuß/in Senken durch menschliche Eingriffe in das Ökosystem abgelagertes Bodenmaterial) angewandt werden und Datierungen zwischen 10^2 bis ca. 1 Mio. Jahre erlauben (GEYH 2005, WAGNER 1995).

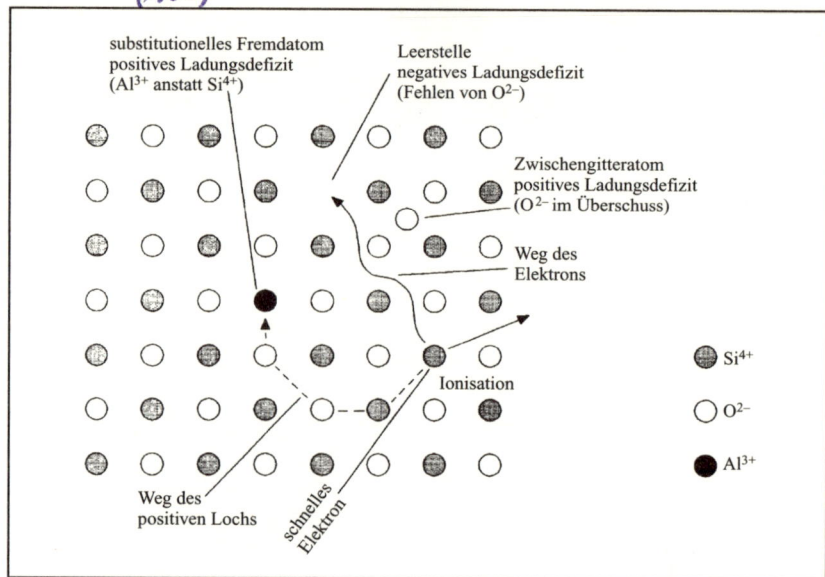

Abb. 4.9: Beispiel für atomare Baufehler (Leerstelle und ein Fremdatom in einem schematisierten Gitter) mit den dadurch verursachten Ladungsdefiziten (nach WAGNER 1995, S. 132).

Grundlagen der Lumineszenz

Grundlagen der Methoden sind physikalische Altersbestimmungen mit der **Strahlendosimetrie.** Primär weisen Kristallgitter atomare Baufehler auf, es sind Leerstellen im Gitternetz, die Ladungsdefizite aufweisen. Die durch natürliche Radioaktivität ionisierenden Strahlen ausgesetzten Kristalle fixieren von diesen positive und negative Ladungen an den Leerstellen. Die Konzentration der Ladungen wächst mit der Zeit. Die Kristalle können dadurch zusätzlich zu dem thermischen Energiehaushalt Strahlungsenergie aufnehmen. Durch Erhitzen (TL) oder Belichten (OSL) kann dieser Energieanteil als Lumineszenz abgerufen werden.

Wesentlich für die **Datierungen** von Löss, Flugsand und Kolluvium ist, dass die Ladungen in den Leerstellen im Gitternetz durch Beleuchtung mit Sonnenlicht geleert werden und somit die Lumineszenzuhr auf Null gestellt wird. Nach einer Einlagerung in das Sediment werden wieder Ladungen aufgenommen, womit die TL- bzw. OSL-Messung den Zeitpunkt der letzten Beleuchtung mit Sonnenlicht ergibt.

Für die **Bestimmung des Zeitpunktes** seit der letzten Nullstellung sind die akkumulierte Dosis (Y_{AD}) und die Dosisleistung (z) zu ermitteln (Alter seit der Nullstellung = Y_{AD} : z). Messtechnisch müssen die Proben von der Geländeentnahme bis zu den Lumineszenzmessungen vor jeglicher Belichtung geschützt werden. Gemessen wird die Dosis Y_{AD} an Einzelkristallproben, wobei die Intensität der thermisch oder optisch bestimmten Lumineszenz das Maß für die Strahlendosis liefert, die die Probe seit der letzten Nullstellung erhalten hat. Dazu werden die Proben mit bekannten Dosen an β- oder γ-Strahlen entweder additiv zur natürlichen Dosis oder regenerativ nach künstlicher Nullsetzung („ausgebleichte" Probe) bestrahlt. Nach dem Signalmessen werden dann Wachstumskurven erstellt, die die Berechnung der natürlichen Dosis ermöglichen. Für die Dosisleistung (z) sind natürliche Radionuklide verantwortlich. Die Dosisleistung wird entweder errechnet, wenn die Elementkonzentration der Radionukliden in der Probe und der Probenumgebung bekannt ist, oder aber die Aktivität wird über α- und β-Zählungen oder über ein Gammaspektrometer ermittelt.

Die unterschiedlichen Stratigraphien und Datierungen der Deckschichten werden in eine aus der Tiefseeforschung gewonnene **internationale Stratigraphie** eingeordnet. Grundlagen dieser Stratigraphie sind aus Bohrkernen an Kalkschalen gewonnene Sauerstoffisotopenverhältnisse, die mittels Paläomagnetik fixiert und an K/Ar-Datierungen von kontinentalem Vulkanstein übertragenen Zeiten eingehängt werden. Die Zeitskala der Stratigraphie folgt der **astronomischen Altersbestimmung.**

Zeitliche
Einordnungs-
methode

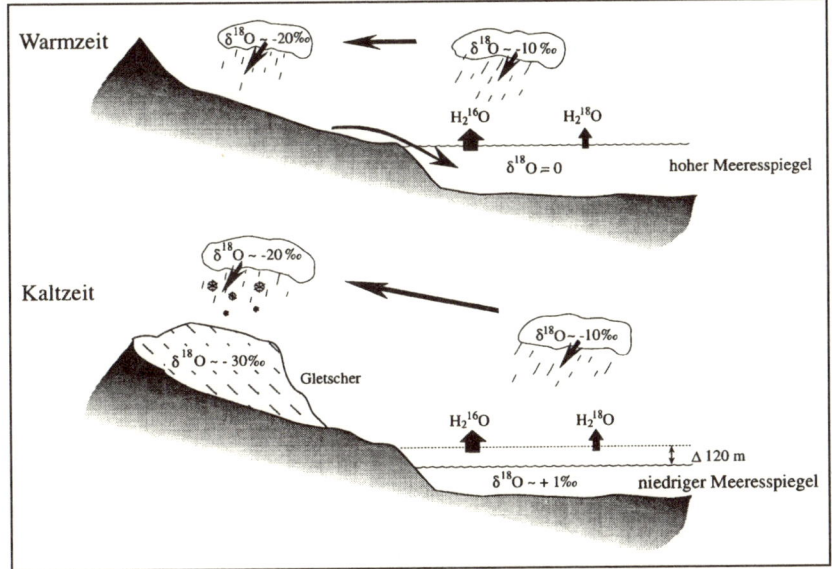

Abb. 4.10: Kaltzeiten und Warmzeiten als Ursache der δ^{18}O-Variation im Ozeanwasser (WAGNER 1995, S. 244).

Die **astronomische Altersbestimmung** geht auf die Milankovitch-Berechnungen zurück, die auf den zyklischen Änderungen der Sonneneinstrahlung als Folge des variierenden Abstandes der Erde von der Sonne beruhen.

Das **Sauerstoffisotopenverhältnis $^{18}O/^{16}O$** im Meer korreliert mit der Klimageschichte des Quartärs. Ursache dafür ist, dass die stabilen Sauerstoffisotope ^{16}O, ^{17}O und ^{18}O bei der Verdunstung durch die Massenunterschiede der Isotope fraktioniert werden. Die Dampfphase über dem Meer ist isotopisch leichter und der Wasserdampf (hoher ^{16}O-, geringer ^{18}O-Anteil) wird auf den Kontinent verweht und bildet dort den Niederschlag. In Warmzeiten kommt der Niederschlag über Fließgewässer zurück ins Meer, so dass sich am $^{18}O/^{16}O$-Verhältnis nichts ändert. In Kaltzeiten wird der Niederschlag mit dem hohen ^{16}O-Anteil im Eis gebunden und der Rückfluss wird geringer. Dadurch vermindert sich der ^{16}O-Anteil im Meer und der Gehalt an dem schweren Isotop ^{18}O nimmt zu. Sauerstoff wird in die Kalkschalen der Tiere eingebaut und das $^{18}O/^{16}O$ Verhältnis in den Kalkschalen gibt das Verhältnis der Sauerstoffisotope im Meereswasser wieder und damit auch die globale Klimasituation.

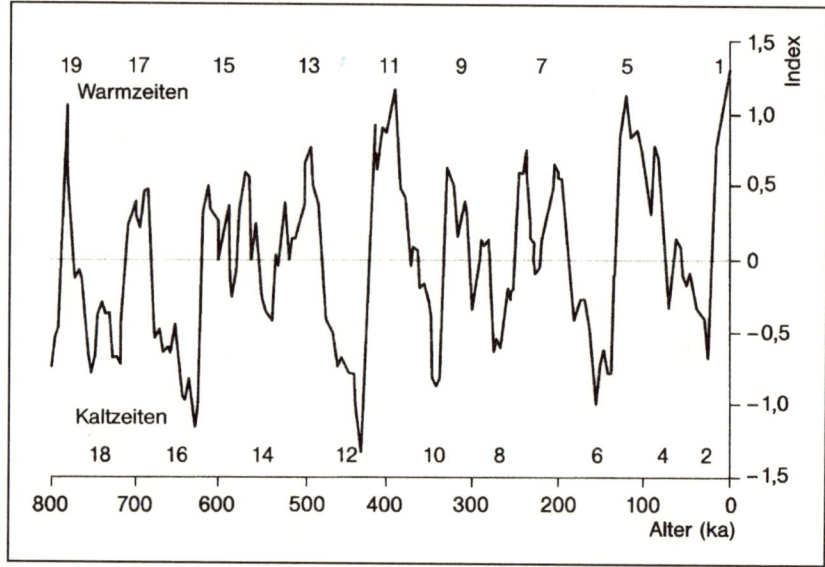

Abb. 4.11: Weltweit korrelierbare $\delta^{18}O$-Kurve mariner Sedimente mit astronomisch kalibrierter Zeitskala. Für interglaziale Abschnitte werden ungerade, für glaziale Abschnitte gerade Zahlen gewählt (nach GEYH 2005, S. 139).

Durch die Kombination von der $\delta^{18}O$-Kurve mit der Lössstratigraphie und mit der magnetischen Suszeptibilität von Böden können numerische Datierungen erreicht werden, und es gelingt auch, in quartären Ablagerungen enthaltene Spuren des Menschen zu datieren.

4.6 Fallstudie: Karstlandschaften

Die Oberflächenformen der Karstlandschaften gehen auf die **Auflösung des Gesteins** durch Wasser bzw. Reaktionen mit CO_2-haltigem Wasser und auf die Entwicklung einer **unterirdischen Entwässerung** in einem herausgehobenen Gebirgsblock zurück.

Trotz der für alle Regionen der Erde geltenden Lösungsgleichung $CaCO_3 + H_2O + CO_2 = Ca(HCO_3)_2$ weisen die Oberflächenformen der Kalkgebirge mit flachem Dolinenkarst und Kegelkarst extreme Unterschiede auf und einzelne Formen wie z. B. Karren gibt es nicht auf allen Kalkgesteinstypen.

Formenvielfalt des Karsts

Gestein, Klima, CO_2 und Wasserbewegungen werden in Relation zu Formen und Lösungsprozessen gebracht. Methodisch reicht die Spanne von Geländebeobachtungen über Messreihen im Gelände zu Laborexperimenten und Modellierungen (FORD/WILLIAMS 1989, GUNN 2004, PFEFFER 1975 u. 2005).

Die verkarstungsfähigen Gesteine sind durch einfache Nachweismethoden zu differenzieren. **Gesteinsanalysen** werden durch die Lösungsfähigkeit der Gesteine in Wasser bzw. Salzsäure mit Titrationen, AAS (s. Kap. 3.3) oder Ionenchromatograph erstellt. Die Differenzierung der die Lösung beeinflussenden Kalktypen in Mikrit und Sparit wird über **Gesteinsdünnschliffe** ermittelt.

Löslichkeitsanalyse

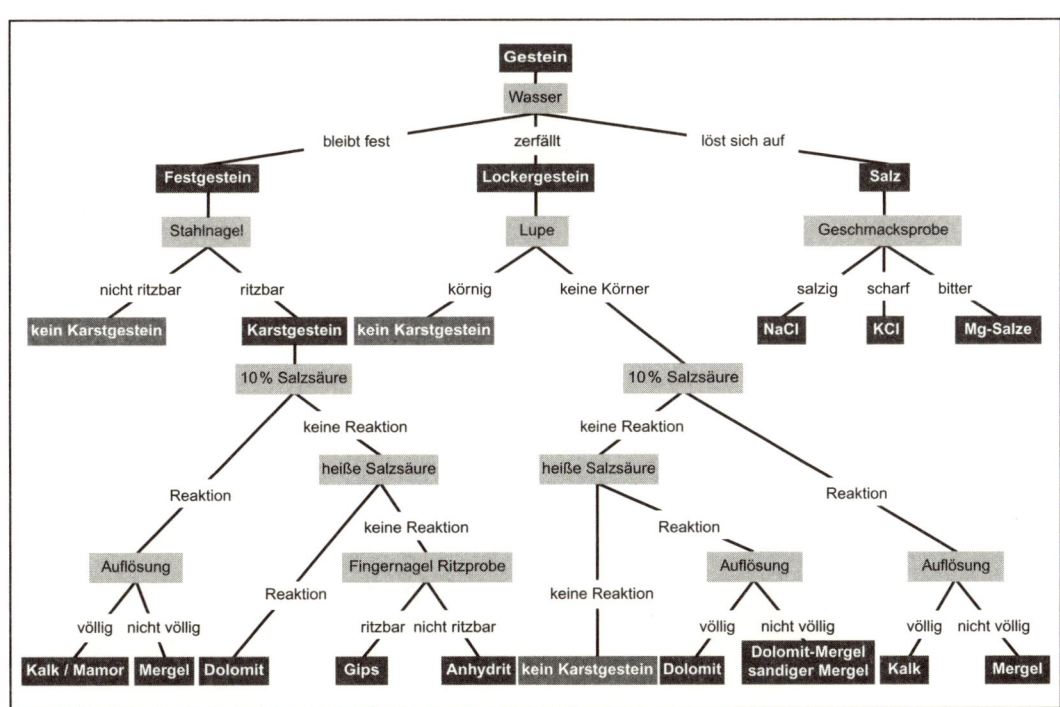

Abb. 4.12: Bestimmungsschema für Karstgesteine (Entwurf: K.-H. PFEFFER).

CO_2 spielt bei Quantifizierungen der Lösungsvorgänge eine große Rolle und weist in der Bodenluft Gehalte bis zu mehreren Volumenprozenten auf. Bestimmt wird das CO_2 der Luft und der Bodenluft mit dem **Drägergasspürgerät.** Die Bodenluft wird hierzu mit einer Sonde entnommen. Für das Drägergerät gibt es spezifische CO_2-Messröhrchen, die bei Durchsaugen einer bestimmten Luftmenge direkt den CO_2-Gehalt in Volumenprozent angeben.

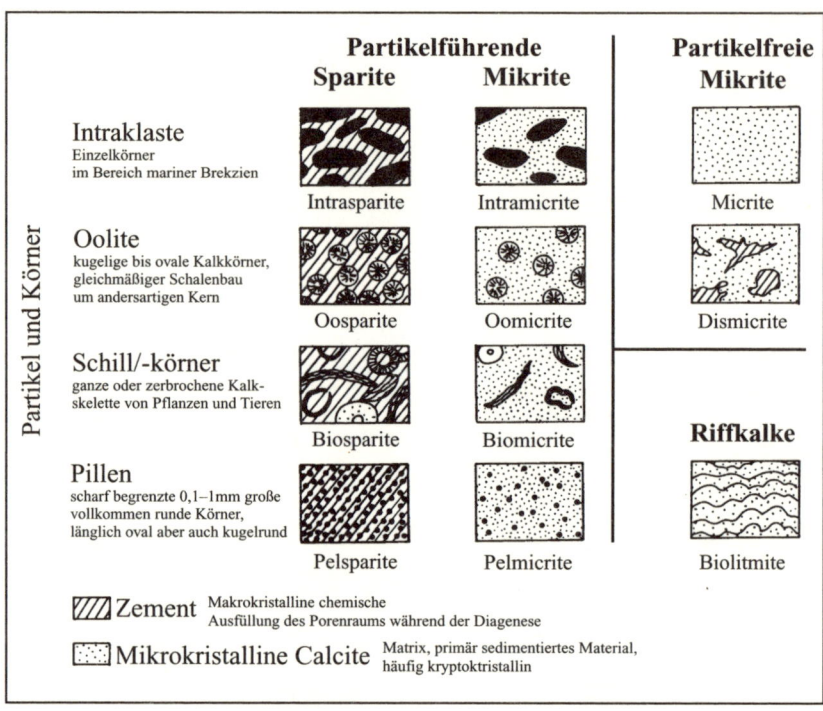

Abb. 4.13: Dünnschliffbilder zu Bestandteilen der Kalke und Einteilung der Gesteine nach FOLK (vgl. PFEFFER 1978, S. 16).

Bestimmung der Abtragung

Die **Abtragungsraten einer Karstlandschaft** werden durch Bilanzierungen von Gesteinsoberflächen zu datierbaren Ablagerungen wie Moränen und erratischen Blöcken auf Kalkflächen oder durch Messungen von Kalkabtrag in bestimmten Zeitabständen ermittelt. Hierzu werden Veränderungen der Gesteinsoberfläche von Festpunkten aus mit einer **Mikrometerschraube** gemessen oder **Gewichtsveränderungen** an genormten Kalkscheiben aus dem Karst von Postojna ermittelt, die in den unterschiedlichsten Karstregionen der Erde für eine Zeitspanne in den Boden eingelegt wurden.

Da die Gesteine in wässriger Lösung abgetragen werden, lassen sich Abtragungsraten über den **Gehalt an gelöstem Gestein** ermitteln. Im Gelände in aufgefangenem Abflusswasser und im Labor durch Beregnung von Gesteinsoberflächen ergeben sich aus den Wasseranalysen Grundlagen für Berechnungen.

Aus Wasseranalysen von Karstquellen oder allochthonen (gebietsfremden) Fließgewässern errechnen sich Abtragungsraten.

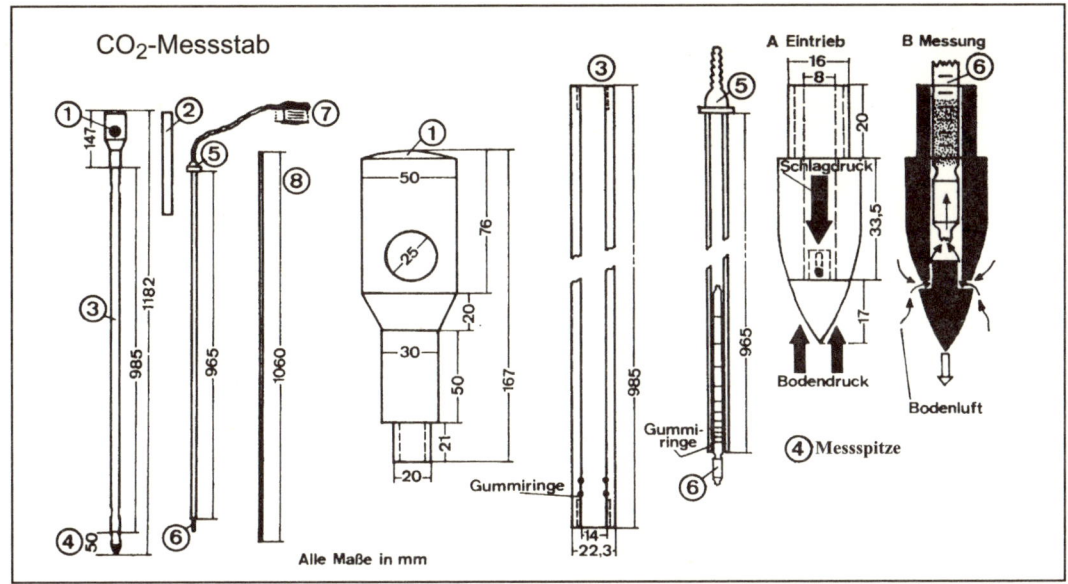

Abb. 4.14: Messstab für Bodenluftmessungen. Ein Bohrstab (3) mit einer unten abschraubbaren Messspitze (4) wird auf die gewünschte Messtiefe eingeschlagen, der Schlagkopf (1) abgeschraubt und die äußerste Spitze mittels eines dünnen Stabes (8) durch einen leichten Stoß nach unten bewegt, so dass der Lufteinlass geöffnet wird. Messstab (5), mit Dräger-Prüfröhrchen (6) und Balgengerät (7) (nach MIOTKE 1972, S. 97).

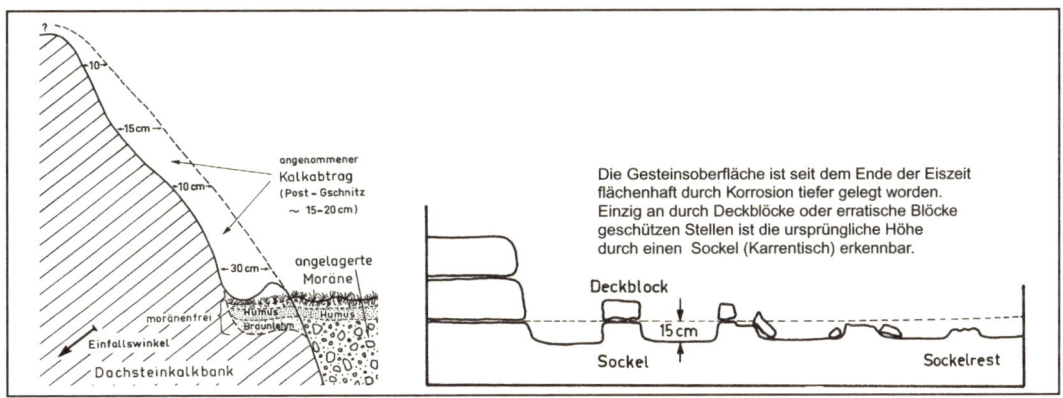

Abb. 4.15: Ermittlung des Kalkabtrages über Moränenablagerungen (Post-Gschnitz: jünger als 13.500 Jahre vor heute) (HASERODT 1965, S. 132) und Karrentischen (BÖGLI 1978, S. 60).

Diese Methoden behandeln den Gesteinsabtrag im engen Sinne der Lösungsgleichung. Die **Fließdynamik von Wasser**, insbesondere die Wasserbewegungen im Untergrund in primären Klüften, beeinflusst die Lösung. Aus dieser Kenntnis sind neue, die **Lösungskinetik** wie Dicke des Wasserfilms, Kontaktzeit sowie Kontakt- und Reaktionsgeschwindigkeit in Abhängigkeit von den Gleichgewichtskurven berücksichtigende Ansätze für die Kalklösung und Modelle für die Entwicklung der unterirdischen Entwässerungsbahnen entstanden.

CORBEL (1957): X = 4 E T n : 100

WILLIAMS (1968):
a) bei errechnetem Abfluss X = E T n : 10 D
b) bei gemessenem Abfluss X = f Q T n : l09 A D

PULINA (1963): Xt = 0,0126 T V
GOUDIE (1970): X = Q T1: A · P T2 : A

X = mittlerer Abtrag in $m^3/km^2/a$ oder mm/1000 a
E = jährlicher Abfluss in dm
T = mittlere Lösungsfracht in mg/1 oder ppm
n = reziproker Wert des Anteils löslichen Gesteins am Einzugsgebiet
D = Dichte des löslichen Gesteins
Q = jährlicher Abfluss
f = Umrechnungsfaktor für verschiedene Abflussdimensionen
     (Q in 1 bedeutet f = 1)
A = Größe des Einzugsgebietes in km^2
V = Abflussspende in $1/km^2/s$
Xt = Abtrag in $t/km^2/a$
T1 = Lösungsfracht in t pro Einheit von Q
T2 = Lösungsfracht in t pro Einheit von P
P = Niederschlag in gleicher Einheit wie Q

Abb. 4.16: Gleichungen zur Bestimmung von Lösungsraten aus Fließgewässern (PRIESNITZ 1974, Tab. 1).

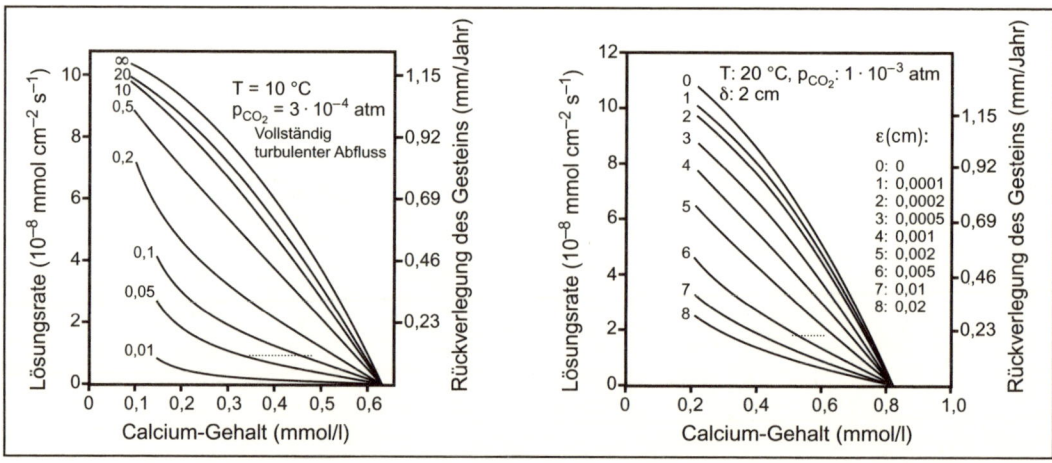

Abb. 4.17: Modelle zu Erosionsraten. Links – Lösungsraten für Wasserfilme (in Einheiten von cm an den Kurven) bei turbulentem Abfluss. Rechts – Lösungsraten für turbulent fließende Ströme tiefer als 1 cm, die Nummern kennzeichnen die Dicke der Diffusionsgrenzschicht (nach DREYBRODT 2004, S. 324).

Altersbestimmungs-
methoden

Innerhalb von Karstlandschaften kommt es an der Landoberfläche und in Höhlen in Form von Tropfsteinen, Sintern und Kalktuffen zu **Kalkausscheidungen**. Diese liefern über Datierungen Informationen zur Genese der Karstlandschaft.

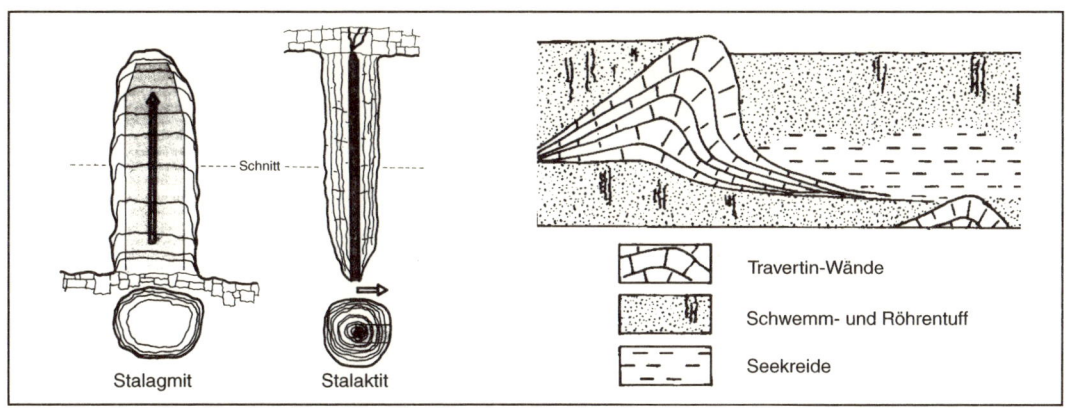

Abb. 4.18: Die Bereiche optimaler Probennahme bei Tropfsteinen nach FRANKE (WAGNER 1995, S. 16) und Aufbau von Sinterbecken mit dem für Datierungen geeigneten Travertin (BURGER 1992, S. 30).

Die **Datierungen** erfolgen über ^{14}C, U/Th, TL, OSL und ESR (s. u.). Alle Datierungen stoßen auf das Problem, dass ältere Kalkausscheidungen von jüngeren, mitunter rezenten Ausscheidungen beeinflusst werden, so dass bei Tropfsteinen das Wachstum zu berücksichtigen ist und bei Sinterterrassen nur die Travertinwände geeignet sind.

^{14}**C-Datierungen** – hier wird der Kohlenstoff des Carbonats bestimmt. Das Carbonat der wässrigen Lösung ist am Kohlenstoffkreislauf beteiligt und hat anteilig ^{14}C aufgenommen. Mit der Kristallisation kommt kein neues ^{14}C dazu und die Zerfallsruhe gibt das Alter der Kristallisation des Carbonats an. Störungen können bei ^{14}C durch die Lösung von fossilen Carbonaten und durch Vermischung mit altersunterschiedlichen Tiefenwässern eintreten.

Uran/Thorium-Datierungen: Uran ist in Spuren in den wässrigen Lösungen vorhanden und wird bei der Kristallisation in die Kristallstrukturen integriert. Thorium zeigt diese Reaktionen primär nicht. Uran-234 zerfällt gemäß den Halbwertzeiten in Thorium, das nicht aus dem System entfernt wird und so ein U/Th-Verhältnis gemäß den Zerfallszeiten entsteht. Dieses wird mit dem Massenspektrometer bestimmt, und der Zeitpunkt der Kristallisation kann somit errechnet werden.

TL-, OSL- und ESR-Datierungen: Mit dem Zeitpunkt der Kristallisation werden die jeweiligen Datierungsuhren auf Null gestellt.

ESR- (Elektronen-Spin-Resonanz-) Datierungen beruhen auf dem bei der TL- und OSL-Datierung behandelten Phänomen, dass Strahlenbelastungen in den Kristallen gespeichert werden. Bei der ESR-Datierung werden die in den Gitterdefekten gespeicherten Elektronen in einem hochfrequenten Magnetfeld zu Resonanzschwingungen angeregt und mit einem Spektrometer quantifiziert. Die für die Berechnung nötigen Daten für die radioaktive Strahlenbelastung werden wie bei der TL- und OSL-Bestimmung ermittelt.

Wässer enthalten das von der kosmischen Strahlung erzeugte ^{3}**H (Tritium)**. Da Karstwässer in geschlossenen Systemen zirkulieren, erfolgt keine erneute Zufuhr an Tritium und dessen Gehalt erlaubt, über die Zerfallszei-

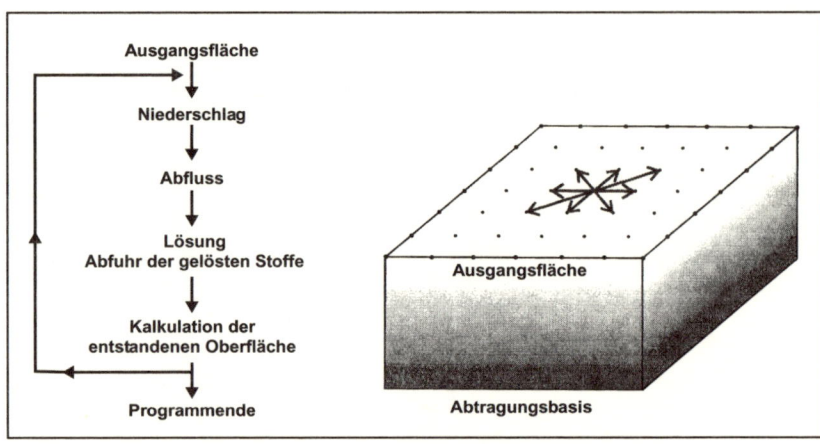

Abb. 4.19: Dreidimensionales Prozessdiagramm für Karstlösungsprozesse
(nach AHNERT/WILLIAMS 1997, S. 66).

ten die Verweildauer des Wassers im Karstsystem zu berechnen. Misch-
wässer stören diese Datierungen.

Mit Tritium können Wässer bis 150 Jahre datiert werden, allerdings ist
die Methode durch hohe Tritiumwerte zwischen 1960–1965 und 1980–
1985 infolge von Kernwaffenversuchen gestört.

Entstehungsmodelle Die **Genese von Karstlandschaften** ist in vielen Publikationen modelliert
worden, wobei die analogen Modelle aus dem räumlichen Nebeneinander
auf das zeitliche Nebeneinander schließen. In den Modelldarstellungen
werden die einzelnen Parameter der Lösungsgleichung und der Einfluss klimatischer Komponenten und der Zeit unterschiedlich gewichtet, so dass
die Deutung der Entstehung von Karstlandschaften in einer rein zeitlichen
Abfolge im Sinne einer Zyklenlehre (GRUND 1914) oder in einer klimage-
netischen Entwicklung (LEHMANN 1987) erfolgt.

Ein **digital entwickeltes Modell** haben AHNERT/WILLIAMS 1997 als Pro-
zess-Reaktionsmodell auf der Basis eines Fortran-Rechenprogramms zur
geomorphologischen Entwicklung einer Region vorgelegt, wobei von den
Autoren als begründete Prämisse nur Wasser und Zeit für die Lösungsvorgänge eingebracht wurden und das Ergebnis dann dem Zyklenmodell von
GRUND ähnelt.

Entwicklung von Die Entwicklung der Karstlandschaften geht mit der Entwicklung der
Karstlandschaften **unterirdischen Entwässerung** einher. In den karsthydrographischen Systemen bestehen große Wasservorräte, die über die Karstquellen genutzt
werden. Durch die spezifischen karsthydrogeologischen Bedingungen sind
diese durch Einträge von der Karstoberfläche her gefährdet. Das Relief mit
den Deckschichten und Böden schützt das Karstwasser, so dass aus der
geomorphologischen Analyse Schutzmaßnahmen abgeleitet werden können (PFEFFER 1990). Flächendeckend dienen hierzu **GIS generierte Karten**
aus Geodatenbanken (KÖBERLE 2005). In diesen sind neben geomorphologischen Befunden, Deckschichten und Bodenmustern auch anthropogene
Einflüsse, Landnutzung und Wasserhaushalt integriert.

4.7 Fallstudie: Schichtstufenlandschaften

Die Genese von **strukturbestimmten Oberflächenformen** hat in der Geomorphologie eine lange Tradition, wobei zentrale Themen neben der eigentlichen Entstehung von Schichtstufenlandschaften die Prozesse an den Stufen, deren Rückverlagerung und deren Verlauf (Wanderung) in geologischen Zeiträumen waren (BLUME 1971). An den Stufen immer wieder auftretende Rutschungen und Massenbewegungen haben eine große Praxisrelevanz und sind gesonderte Projekte im Rahmen von Gefährdungsstudien (DIKAU/SCHMIDT 2001).

Für den **Verlauf der Stufen** in zeitlicher und räumlicher Dimension sowie deren eventuelle „Wanderung" bzw. **Rückverlegung** werden geologisch-paläontologisch, pollenanalytisch, ^{14}C und deckschichtenchronologisch datierbare Sedimente sowie Bodensequenzen in Relation zum Stufenvorland, Stufenhang und zu den Formen oberhalb der Stufen gesetzt. Diese Sedimente müssen jünger sein als die geologisch das Stufenland auf-

Genese und beeinflussende Prozesse

Datierungsmöglichkeiten

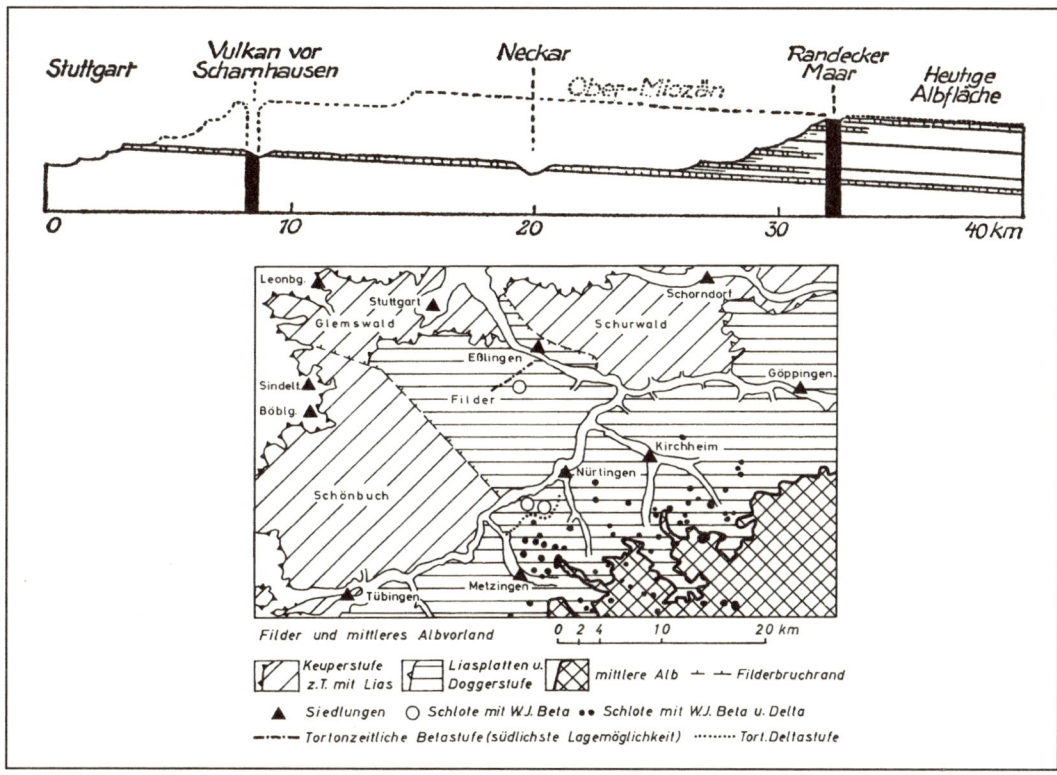

Abb. 4.20: Vulkanschlote mit Schlotbrekzien im Lias- und Doggervorland der Schichtstufe des Weißjura Beta und Delta. In den Schlotbrekzien enthaltene Gesteine des weißen Jura belegen die Verbreitung der Weißjuragesteine zum Zeitpunkt der Vulkaneruption und bilden die Grundlage für Rekonstruktionen der früheren Lage der Weißjurastufen und deren Rückverlegung. Oben – Vulkan von Scharnhausen nach WAGNER (SEMMEL 1972, S. 58), unten – Vulkanschlote im Vorland der mittleren Schwäbischen Alb (DONGUS 1965, S. 483).

bauenden Schichten und reichen von marinen Sedimenten über Vulkanschlote mit Brekzien ehemals hangender geologischer Schichten sowie datierbarer Kiese und Meteoritenimpaktauswürfen (z. B. beim Nördlinger Ries) bis hin zu quartären Deckschichten mit Bodensequenzen.

Für den Straßenbau und die Anlage von Siedlungen haben die rezenten Prozesse mit **Rutschungen und Bergstürzen** eine große Bedeutung. Sie werden durch Kartierungen der morphologischen Kleinformen an den Stufenhängen, durch Aufnahme der hydrologischen Verhältnisse sowie durch **Deckschichten- und Bodensequenzen** erfasst. Torfe in Rutschungsmulden bieten zusätzlich Datierungsmöglichkeiten, ebenso wie auch **historische Aufzeichnungen** Hinweise auf Hangbewegungen ermöglichen (Dikau/Schmidt 2001).

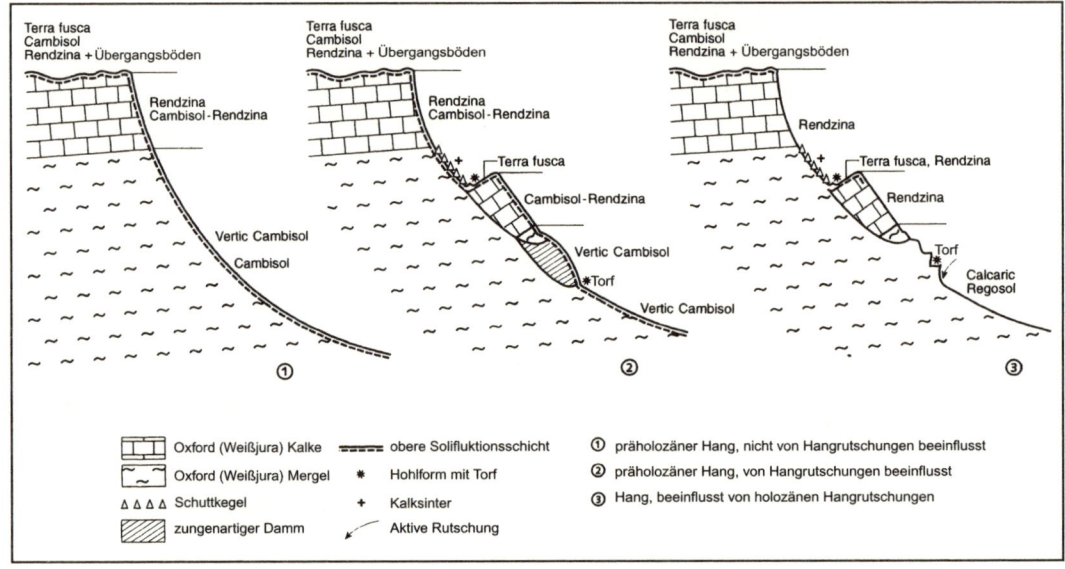

Abb. 4.21: Bodenmuster als Zeugen für Rutschungszeiträume an der Weißjuraschichtstufe der Schwäbischen Alb (nach Bibus et al. 2001).

Vorhersagemodelle

Für **Prognosen** zur Bewertung der **Rutschungsanfälligkeit** erstellte statistisch-numerische Modelle (Thein 2000) beruhen auf digitalisierten Geländebefunden und Karten in einem GIS in der Kombination mit schrittweise logistischer Regressionsanalyse.

4.8 Fallstudie: Bodenerosion

Erosionsursache

In den bewaldeten Regionen der Erde ist der Boden durch die Vegetationsdecke vor oberflächlichen Abschwemmungen geschützt, einzig in Karstregionen und in den feuchten Tropen kann durch subterrane Prozesse, Einstürze von Hohlräumen und Rutschungen Boden verlagert werden. Eingriffe des Menschen in die Waldökosysteme durch Rodungen sowie die nachfolgenden Nutzungen in Agrarsystemen bewirkten in Hangpositionen oberflächliche Abschwemmungen mit flächenhaftem Abtrag oder Rillen-, Rinnen- und Gullybildungen und Akkumulationen von umgelagertem Bodenmaterial in Tiefenlinien und Auen der Fließgewässer. Diese Veränderungen des oberflächennahen Untergrundes und der Böden bewirken eine Degradation und stellen ein Ertrag minderndes globales Umweltproblem dar (RICHTER 1998).

Die vom Menschen ausgelöste Bodenerosion, die Prozesse, Intensität und Möglichkeiten der Verhinderung sind Forschungsobjekte im Grenzgebiet von Bodenkunde, Bodengeographie, Agrartechnik, Geomorphologie und Landschaftsökologie. Forschungsschwerpunkte

Aus physisch-geographischer Sicht sind die Prozesse, ihre Intensität, Möglichkeiten zur Prognose und Verhinderung sowie die zeitliche Einordnung Forschungsschwerpunkte.

Prozesse und Intensität der Bodenerosion sind Funktionen von Relief-, Boden-, Klima- und Nutzungsparametern.

Der **Bodenabtrag** wird im Gelände durch Kartierungen sowie auf der Mess- und Experimentierebene ermittelt. Darüber hinaus gibt es Modelle, in die die Parameter aus auf Messwerten basierenden Tabellen eingesetzt werden und anhand derer der Bodenabtrag prognostiziert wird. Diese Verfahren werden in jüngster Zeit mit GIS kombiniert. Messmethoden des Abtrags

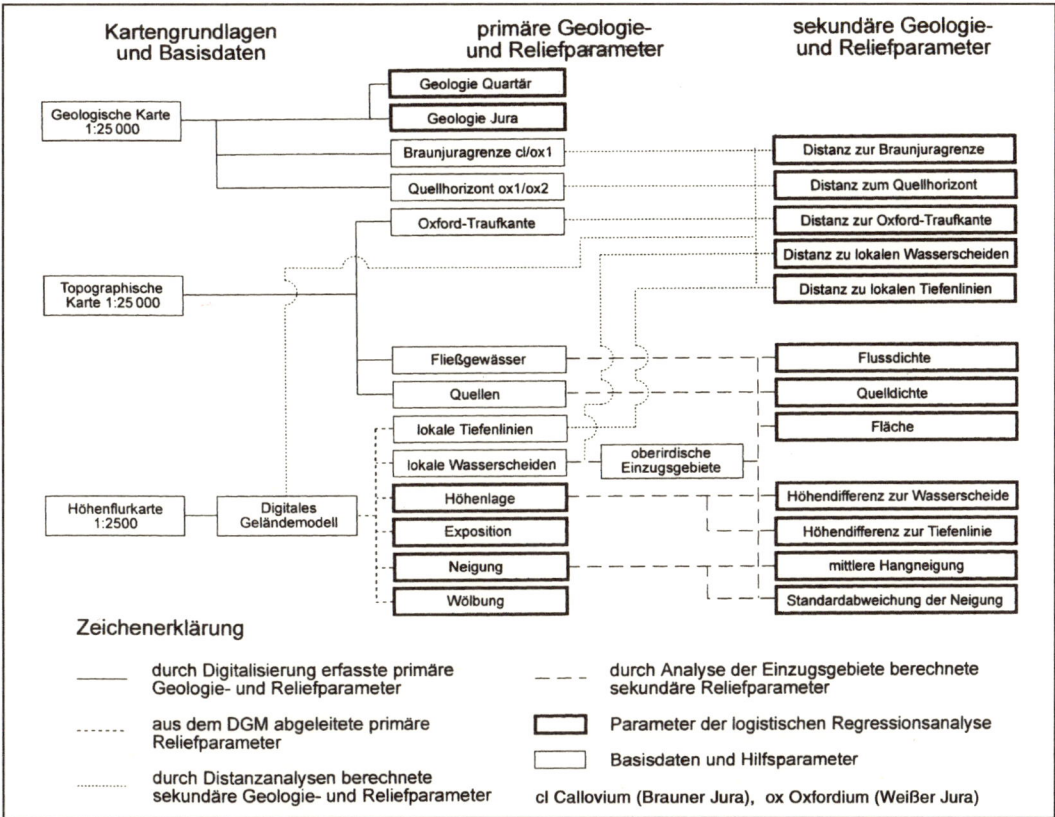

Abb. 4.22: Ableitung von Geologie- und Reliefparametern aus digitalisierten Basisdaten für eine logistische Regressionsanalyse zur Vorhersage möglicher Massenverlagerungen (nach THEIN 2000, S. 69).

Bei Kartierungen wird der Bodenabtrag entlang von **Profilreihen** ermittelt, wobei die Verkürzung der Bodenprofile gegenüber Standardprofilen berechnet wird. Daraus werden eine Schadenskartierung erstellt und besonders erosionsgefährdete Standorte identifiziert.

Messfelder und **Testflächen** sind unterschiedlich große Parzellen an einem Hangstandort, deren hangaufwärts entstehender Abfluss mit Bodenpartikeln hangabwärts zusammengeführt und in Rinnen, Röhren oder Sedimentkästen aufgefangen wird. Aus Höhe des Niederschlagereignisses, der Abflussrate unter Einbeziehung der Bodenwasserverhältnisse und dem aufgefangenen Sediment lässt sich der Bodenabtrag errechnen.

Eine andere Methode ist die Einbringung von **Messstäben**. Wenige Millimeter starke Metallstäbe werden auf einem gesamten Hang in den Boden eingedrückt und nach einem Niederschlagereignis die Veränderungen am Ober- und Unterhang gemessen.

Weiterhin kann in einer Tiefenlinie ein **Sedimentbecken** angelegt und das aus dem Einzugsgebiet der Tiefenlinie stammende Sediment erfasst werden.

Diese Messmethoden haben den Nachteil, dass sie von der Zahl und der Art der Niederschlagsereignisse abhängig sind und mitunter in Zeitreihen keine große Datenmenge und Vielfalt liefern.

Messfelder für Feldexperimente sind im Aufbau ähnlich, nur werden über Beregnungsanlagen Niederschlagereignisse und -abfolgen simuliert und der Bodenabtrag ermittelt. Die Messfelder und Versuchsanlagen wer-

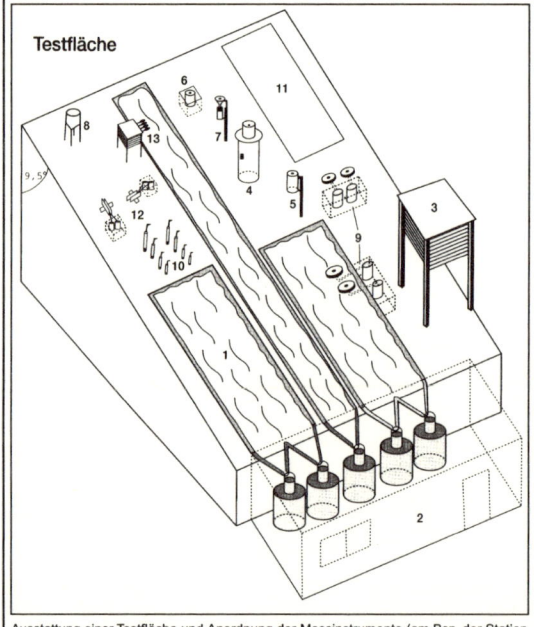

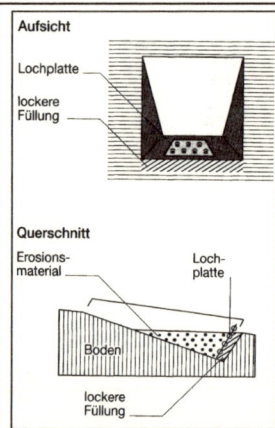

Materialfangkasten Typ „Feldkasten" (Bauart SEILER 1980). Die 1 m breite Messeinrichtung dient zur Erfassung der abgespülten Bodenmenge. Das Fassungsvermögen beträgt ca. 110 l. Durch die Lochplatte an der Rückwand sickert das Wasser langsam in die lockere Erdfüllung hinter dem Feldkasten; die oberen Lochreihen ragen über die Bodenoberfläche hinaus und haben die Funktion eines Überlaufs.

Ausstattung einer Testfläche und Anordnung der Messinstrumente (am Bsp. der Station T30 im Basler Tafeljura). 1 = Messparzellen (2 x 10 m, 1 x 20 m); 2 = Unterstand mit Ablaufblechen und Sammelbehältern; 3 = Wetterhütte mit Standard-Instrumenten; 4 = Regenschreiber n. HELLMANN; 5 = Regenmesser nach HELLMANN; 6 = Regensammler auf Bodenniveau; 7 = Niederschlagssammler für chemische Analysen; 8 = Schneesammler; 9 = Trichterlysimeter in verschiedenen Tiefen; 10 = Saugkerzen in verschiedenen Tiefen; 11 = Bodenfeuchtemessfeld; 12 = Splash-Messer; 13 = Kleine Wetterhütte mit Datalogger zur Bodentemperaturmessung

Abb. 4.23: Testflächen und Möglichkeiten zum Erfassen der Bodenerosion und der diese beeinflussenden Parameter (SCHMIDT 1998, S. 113 u. 117).

den in unterschiedlichen Hanglagen und bei unterschiedlichen Bodenarten, Bodentypen und Nutzungen angelegt.

Es gibt zahlreiche **Modelle zur Abschätzung des Bodenabtrages** (RICHTER 1998), am meisten verwendet, auch als Bezugsgröße für andere Modelle und bei GIS-Einsatz, ist das **USLE (Universal Soil Loss Equation).**

Erosionsmodelle

USLE verwendet die Gleichung $A = R \cdot K \cdot LS \cdot C \cdot P$

- A ist die Größe des Bodenabtrages in Tonnen pro Morgen pro Jahr
- R beinhalten Niederschlag und Abfluss
- K beinhaltet die Erosionsanfälligkeit der Böden
- LS beinhaltet Relieffaktoren
- C beinhaltet Anbau, Vegetation und Agrarmanagement wie z. B. Fruchtfolgen
- P erfasst die Einrichtungen und Maßnahmen, die zur Verminderung des Oberflächenabflusses und zur Reduzierung der Erosion angelegt und durchgeführt werden

Für die einzelnen Werte gibt es Tabellen, so z. B. im Internet unter dem Stichwort USLE.

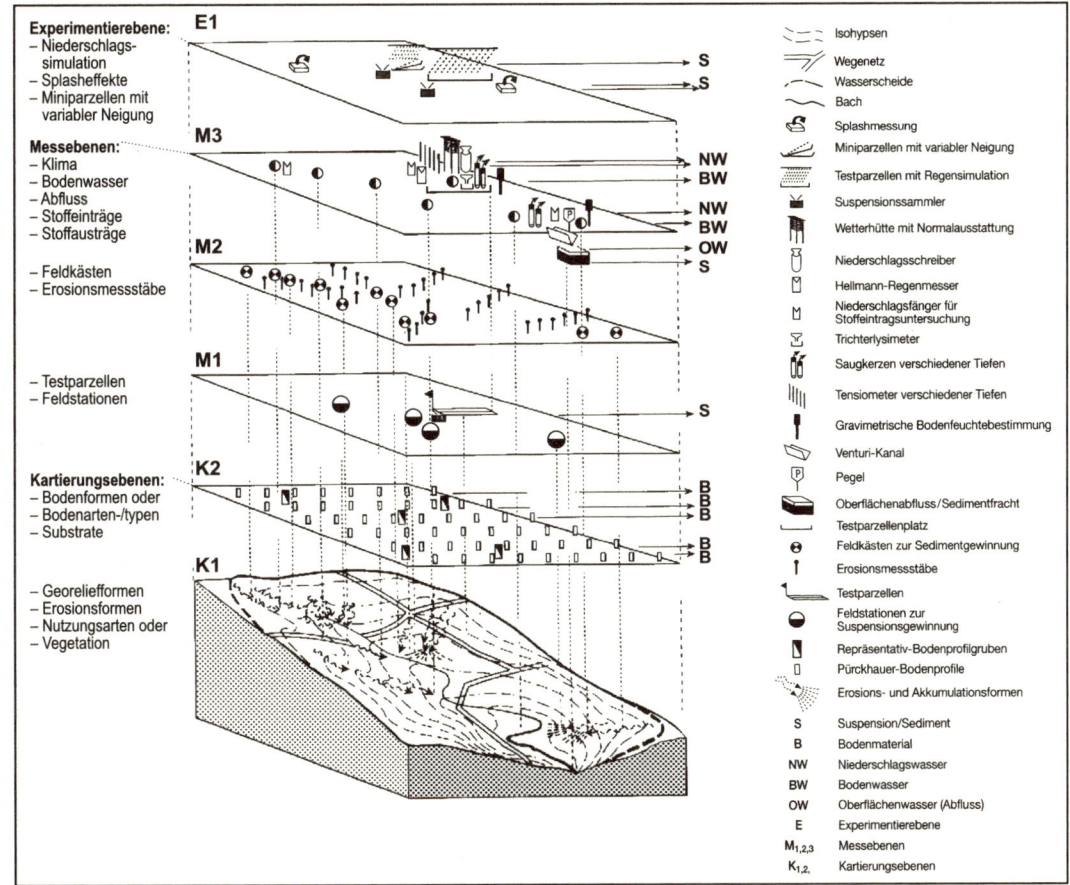

Abb. 4.24: Methodische Verfahrensebenen einer geoökologischen Bodenerosionsforschung (nach LESER et al. 1998, S. 98 f.).

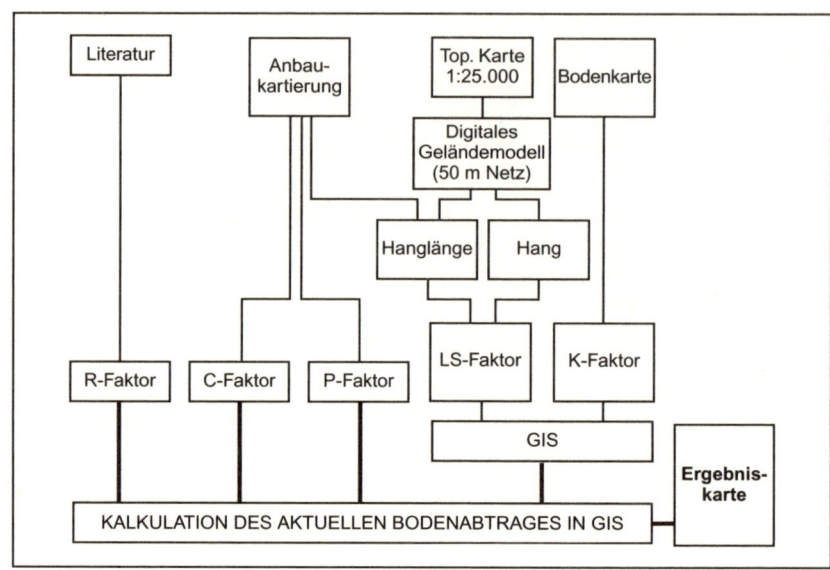

Abb. 4.25: Datenbank und Layerdiagramm für eine GIS-generierte Bodenerosionskarte (Faktoren nach USLE) (nach GRABAUM/MEYER 1999, S. 98).

Ideal für die Gesamtbetrachtung sind Kombinationen der Methoden und eine **Verknüpfung mit GIS.**

Zeitliche Bestimmung der Erosionsphasen

Für die zeitliche Einordnung der Bodenerosion, besonders zur Ermittlung früherer starker Bodenerosionsphasen, gibt es Zeitmarken über die Verknüpfung mit der Archäologie.

Auelehme und Kolluvium lassen sich durch Schichtungen unterschiedlicher Färbung und Körnung gliedern und in diesen enthaltene Fundstücke können über die Archäologie zeitlich zugeordnet werden, wobei sich aber nur die minimalen Alter für die Bodenumlagerungen ergeben. Hierzu sind kulturspezifische Tonscherben, Metalle und Metallanfertigungen geeignet.

Verzahnungen des umgelagerten Bodenmaterials mit organischen Ablagerungen (Torfe von Zwischenmooren, eingelagerte Hölzer) können über die Pollenanalyse eingeordnet und über ^{14}C datiert werden und geben Auskunft über die **Zeitspannen der Bodenerosion**. Baumreste können dendrochronologisch zugeordnet werden.

Das aus den Atombombenversuchen und aus den Reaktorunfällen stammende **Radionuklid ^{137}Cs** ist nach Umlagerung in den obersten Bodenschichten, im Ackerland bis zur Umbruchtiefe nachweisbar. Damit lässt es sich als Indikator sowohl für rezente Abtragungen als auch für Akkumulationen verwenden.

5 Klimageographie

5.1 Aufgaben und Ziele

Die Klimageographie ist der auf die Geographie entfallende Teil der Klima-tologie, die das Klima und seine Änderungen in Zeit und Raum studiert. Die Arbeitsmethoden bestehen zum Großteil aus **Messvorgängen** klimato-logischer Parameter, der statistischen Behandlung von Datenmaterial und der Darstellung von Klimagegebenheiten in Karten und Diagrammen. Ein Teil der Daten stammt aus den von der Meteorologie ermittelten physikali-schen Gegebenheiten der Atmosphäre. Diese **meteorologischen Daten** werden durch **bodengebundene Messverfahren** und durch **Fernerkundung** mit Flugzeugen und Satelliten ermittelt. Die bodengebundenen Messver-fahren lassen sich wiederum aufteilen in **direkte Messverfahren,** bei denen jeweils der Sensor der Messeinrichtung direkten Kontakt mit dem Medium hat, und in **indirekte Messverfahren,** bei denen Klimadaten ohne direkten Kontakt zum Sensor ermittelt werden. Diese meteorologischen Daten wer-den in der Klimageographie mit den geographischen Gegebenheiten wie Land-Meerverteilung, Relief, Hydrologie, Vegetation und anthropogenen Nutzungen im Agrar- und Siedlungsbereich kombiniert.

Arbeitsmethoden

Die klassische Klimageographie ordnete die Datenvielfalt in ihrer regi-onalen Verbreitung und erstellte **Klimaklassifikationen** sowie Tabellen und Diagramme zu einzelnen **Klimazonen.** Die aus dem geographischen Raummuster abzuleitenden Sachverhalte dienten zur Erklärung der jeweili-gen Klimabedingungen und einzelner Wetterereignisse.

Klassische Klima-geographie

Dieser überwiegend der Grundlagenforschung zuzuordnende Abschnitt erfährt mit der **Stadt- und Geländeklimatologie** ein neues Forschungsfeld, das die regionalen und lokalen Modifikationen des Klimas erforscht und für die Praxis von Beratungen zur agraren Bodennutzung über ökologisch orientierte Stadtplanungen bis zur Lufthygiene und Geomedizin reicht.

Aktuelle Forschungs-bereiche und Methoden

Die aus Fernerkundung und Satellitentechnologie kommenden Möglich-keiten globaler und zeitgleicher Betrachtungen und Quantifizierungen von Wetterabläufen haben zusammen mit der Computertechnologie die Beob-achtungen, Abläufe und Vorhersagen des Wettergeschehens deutlich ver-bessert und auch in dem Themenkomplex des Global Change unter Einbe-ziehung von Forschungen zum Paläoklima Prognosen und Modelle zu künftigen Entwicklungen ermöglicht (BARRY/CHORLEY 1992, BLÜTHGEN/WEI-SCHET 1980, BENDIX 2004, ERIKSEN 1975, SCHÖNWIESE 1994).

5.2 Fallstudie: Datengewinnung der meteorologischen Grundelemente

Verbreitung von
Messstationen

Vor ca. 200 Jahren wurde mit den neuzeitlichen Messungen von Luftdruck, Temperatur, Niederschlag und Luftbewegung begonnen. Aus den Anfängen haben sich weltweite Messnetze entwickelt, allerdings in den einzelnen Ländern mit unterschiedlicher Dichte und auch unterschiedlicher Messintensität. Die Spannweite reicht von Stationen, etwa in Zentren des Wetterdienstes, in agraren Versuchsstationen oder Flughäfen, in denen alle nur möglichen Wetterdaten permanent erhoben werden, bis hin zu Wetterbeobachtern, die nur sehr wenige Daten und auch meist nur täglich dokumentieren. Daher ist bei Verwendung der Daten erforderlich, die **Art der Erhebung** und auch die **statistische Verarbeitung** zu ermitteln.

Uneinheitliche
Messmethoden

Erschwerend für internationale Vergleiche ist ferner, dass im Temperaturbereich mit **Celsius- (C), Fahrenheit- (F) und Reaumur-Skalen (R)** gemessen wird und zusätzlich bei Fahrenheitskalen die Zählung bei $-32°C$ beginnt. Dies macht **Umrechnungsgleichungen** erforderlich.

$$X°F = 5/9\,(X-32)°C$$

$$X°C = (4/5)\cdot X°R$$
$$X°F = 4/9\,(X-32)°R$$

$$X°C = (9/5\cdot X + 32)°F$$

Die **Niederschlagswerte** werden ebenfalls in unterschiedlichen Messeinheiten angegeben wie **Millimeter Niederschlag, Liter pro Quadratmeter oder Inches**.

1 mm Niederschlag ist 1 l/m², 1 inch Niederschlag sind 25,40 mm und entsprechen wiederum 25,4 l/m².

Im **analogen Ermitteln der Daten** werden etwa in tropischen Ländern die Temperaturwerte mitunter von einer früheren Messung einer weiter entfernten Station einfach fortgeschrieben, dagegen die Niederschlagswerte täglich abgelesen. In anderen Regionen werden Temperaturwerte mitunter mehrmals täglich abgelesen oder in Aufzeichnungsgeräten kontinuierlich erfasst. Alle diese Verfahren, die stets einen permanenten Betreuer einer langzeitlichen stationären Wetterstation oder einer zeitweise eingerichteten Messstation erforderten, werden heute noch angewandt. Im Gegensatz dazu gibt es vollautomatische Stationen mit digitaler kontinuierlicher Datenaufzeichnung. Die statistische Auswertung verfügt somit bei globaler Betrachtung über unterschiedlich dichte Datensätze mit unterschiedlich langen und mitunter inhomogenen Messreihen und bietet somit nur bedingt vergleichbare Klimawerte. Vergleichbare Klimawerte sind in den Publikationen der WMO (World Meteorological Organisation) publiziert.

Stationstyp	Anzahl	1 Station pro km^2	Mittlerer Stationsabstand [km]
Hauptamtliche Stationen	172 (einschl. Automaten)	2074	46
Haupt- und neben- amtliche Klimastationen	576	619	25
Niederschlagsstationen (einschl. Klimastationen)	3162	113	11
Außerdem besteht ein dichtes Netz von nebenamtlichen phänologischen Beobachtern.			

Abb. 5.1: Stationsdichte des Deutschen Wetterdienstes am 1. 10. 2004 (http://www.dwd.de/).

Analoge Messgeräte (Abb. 5.3) beruhen auf den direkt erfassbaren physikalischen Gegebenheiten wie Ausdehnung bei Temperaturmessungen, Druckausgleich bei Luftdruckmessungen und Volumenmessung beim Erfassen der Niederschlagsmenge. Die **digitalen Messstationen** (Abb. 5.4) – ausführlich beschrieben bei BENDIX 2004 – nutzen elektronische Sensoren, die elektrische Spannungs- oder Widerstandsänderungen sowie Impulse an einen Datalogger geben, dem ein Multiplexer, ein Verteiler, vorgeschaltet ist, der die Anzahl der Eingangskanäle erweitert.

Vorstellung der Messmethoden

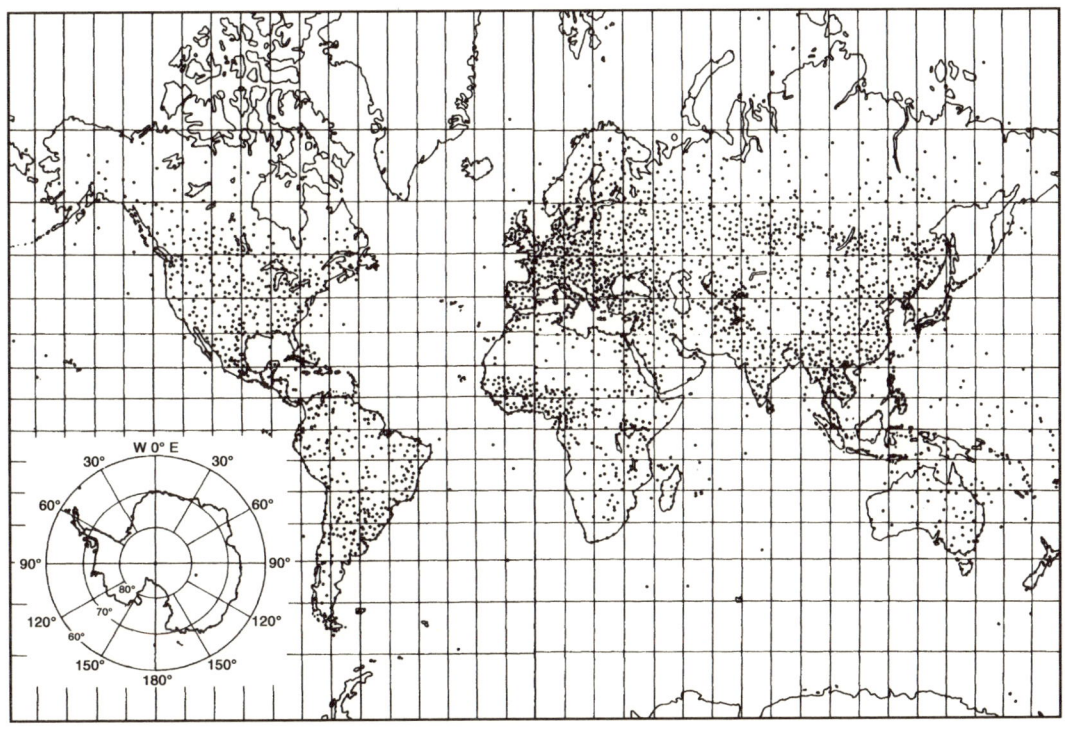

Abb. 5.2: Globales Beobachtungsnetz der World Meteorological Organisation (WMO) (SCHÖNWIESE 1994, S. 99).

Temperatur: Die Messung erfolgt mit einem Platinwiderstandsthermometer, einem Gerät mit einem dünnen Platindraht, dessen elektrischer Widerstand sich mit der Temperatur linear ändert, und einer geeichten (0°C = 100 Ω) Widerstandsmesseinrichtung.

Luftfeuchtigkeit: Die Messung erfolgt über zwei Platinwiderstandsthermometer, wobei eines als trockenes Thermometer die Lufttemperatur misst, während ein zweites mit Gaze ummanteltes und angefeuchtetes Thermometer unter Zwangsventilation durch die Verdunstungskälte proportional zur verdunsteten Wassermenge abgekühlt wird. Aus der Temperaturdifferenz zwischen beiden Thermometern kann mit Tafeln und Formeln die relative Luftfeuchte bzw. der Dampfdruck bestimmt werden.

Windgeschwindigkeit: Die Messung erfolgt mit dem Schalensternanemometer, das an der rotierenden Achse mit einem magnetischen Sektor versehen ist, der bei jeder Drehung um 360° einen Magnetschalter auslöst.

Windrichtung: Die Messung erfolgt mit der Windfahne, deren Achse mit einem drehbaren Widerstand verbunden ist und dessen elektronisch erfasster Widerstand jeweils einer Windrichtung zugeordnet ist.

Niederschlag: Die Messung erfolgt über ein Auffanggefäß, in dem der Niederschlag auf eine Kippwaage geleitet wird, die in einer Wippe ein Reservoir von 0,1 mm aufweist. Ist das Reservoir durch Niederschlag aufgefüllt, kippt die Waage und löst einen elektrischen Impuls aus. Die Summe der Wippenschläge ergibt die Niederschlagsmenge, die Anzahl der Wippenschläge in der Zeiteinheit die Intensität des Niederschlags.

Strahlung: Die Messung erfolgt entweder nach dem thermoelektrischen Prinzip oder mittels eines Siliziumphotoelementes.

Das thermoelektrische Prinzip beruht darauf, dass ein schwarzes Empfangselement durch die Solarstrahlung erwärmt wird und gegenüber dem geweißten Gehäusekörper eine Übertemperatur aufweist. Diese liefert eine proportional zur Einstrahlung verlaufende Thermospannung.

Das Siliziumphotoelement stellt einen aktiven Dipol dar, der die einfallende Strahlungsmenge in elektrische Energie umsetzt.

Bodentemperatur: Für diese Messung wird eine Wärmeflussplatte in den Boden eingebracht. Der Wärmefluss aus dem Boden bewirkt unterschiedliche Temperaturen an der Plattenunter- und -oberseite, wobei aus der Temperaturdifferenz eine Thermospannung entsteht, die proportional zum Wärmefluss ist.

Bodenfeuchte: Die Messung erfolgt mit der TDR-Technik (Time Domain Reflectometry), die auf der Methode beruht, dass die Dielektrizitätskonstante in Böden mit zunehmendem Wassergehalt steigt und Einfluss auf die Ausbreitungsgeschwindigkeit elektromagnetischer Wellen hat. Über einen Sensor werden periodisch Spannungsimpulse ausgesendet, die Ausbreitung der elektromagnetischen Wellen in parallelen Sensorstäben ist eine Funktion der Dielektrizitätskonstanten des umgebenden Bodens. Die am Ende der Stäbe reflektierten elektromagnetischen Wellen gehen als Impulsenergie zum Datenlogger. Aus der Zeitdifferenz zwischen Impuls und Reflexion wird die Dielektrizitätskonstante und aus dieser die Bodenfeuchte ermittelt.

Luftdruck: Die Messung erfolgt mit Festkörperbarometern. Es werden zwei Kondensatorscheiben so eingebaut, dass sie dem Außendruck ausge-

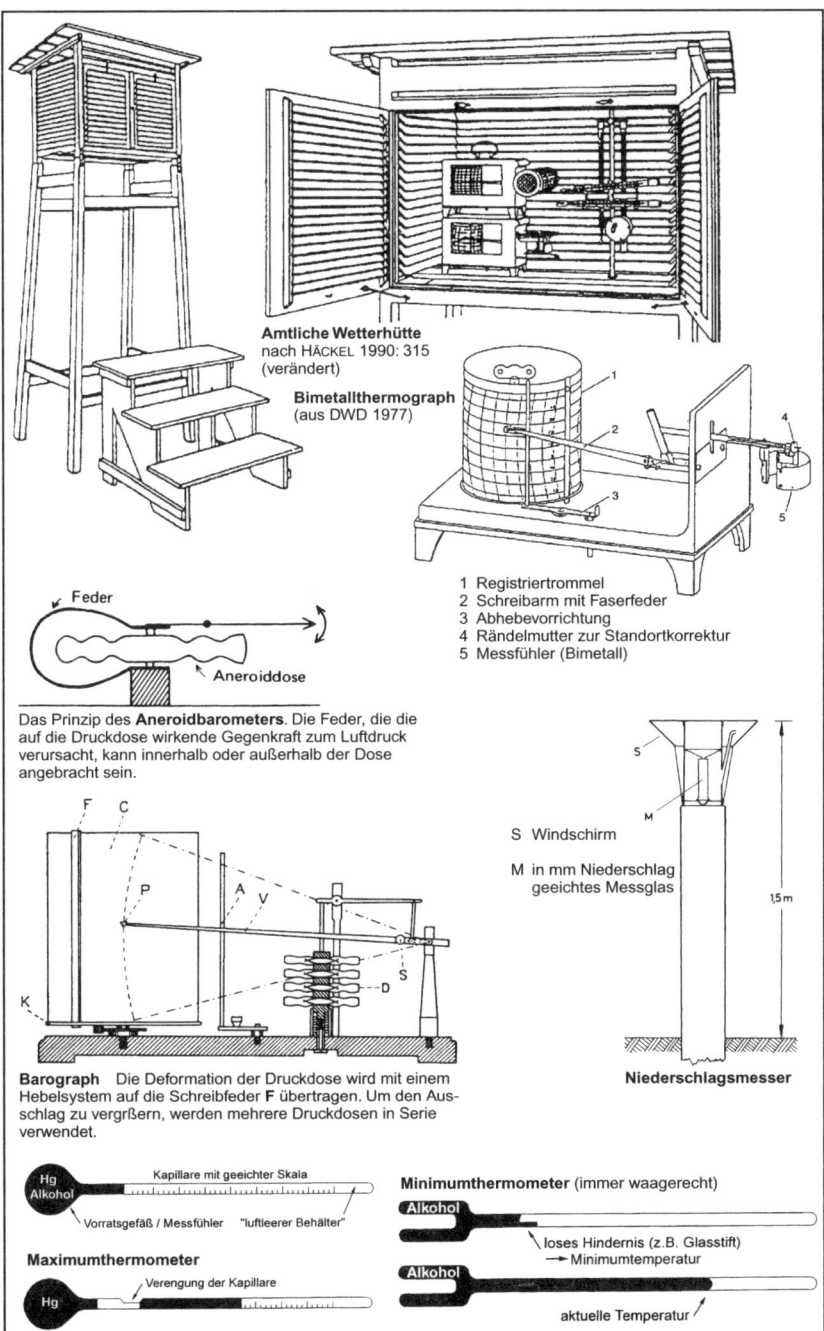

Amtliche Wetterhütte
nach HÄCKEL 1990: 315
(verändert)

Bimetallthermograph
(aus DWD 1977)

Feder

Aneroiddose

Das Prinzip des **Aneroidbarometers**. Die Feder, die die
auf die Druckdose wirkende Gegenkraft zum Luftdruck
verursacht, kann innerhalb oder außerhalb der Dose
angebracht sein.

1 Registriertrommel
2 Schreibarm mit Faserfeder
3 Abhebevorrichtung
4 Rändelmutter zur Standortkorrektur
5 Messfühler (Bimetall)

S Windschirm

M in mm Niederschlag
geeichtes Messglas

1,5 m

Barograph Die Deformation der Druckdose wird mit einem
Hebelsystem auf die Schreibfeder **F** übertragen. Um den Aus-
schlag zu vergrßern, werden mehrere Druckdosen in Serie
verwendet.

Niederschlagsmesser

Hg
Alkohol

Kapillare mit geeichter Skala

Vorratsgefäß / Messfühler   "luftleerer Behälter"

Maximumthermometer

Verengung der Kapillare

Hg

Minimumthermometer (immer waagerecht)

Alkohol

loses Hindernis (z.B. Glasstift)
→ Minimumtemperatur

Alkohol

aktuelle Temperatur

Abb. 5.3: Messeinrichtung einer klassischen Klimastation (nach BORGER/ROSNER
2003, S. 34; nach LILJEQUIST/CEHAK 1990, S. 60 f. u. 167).

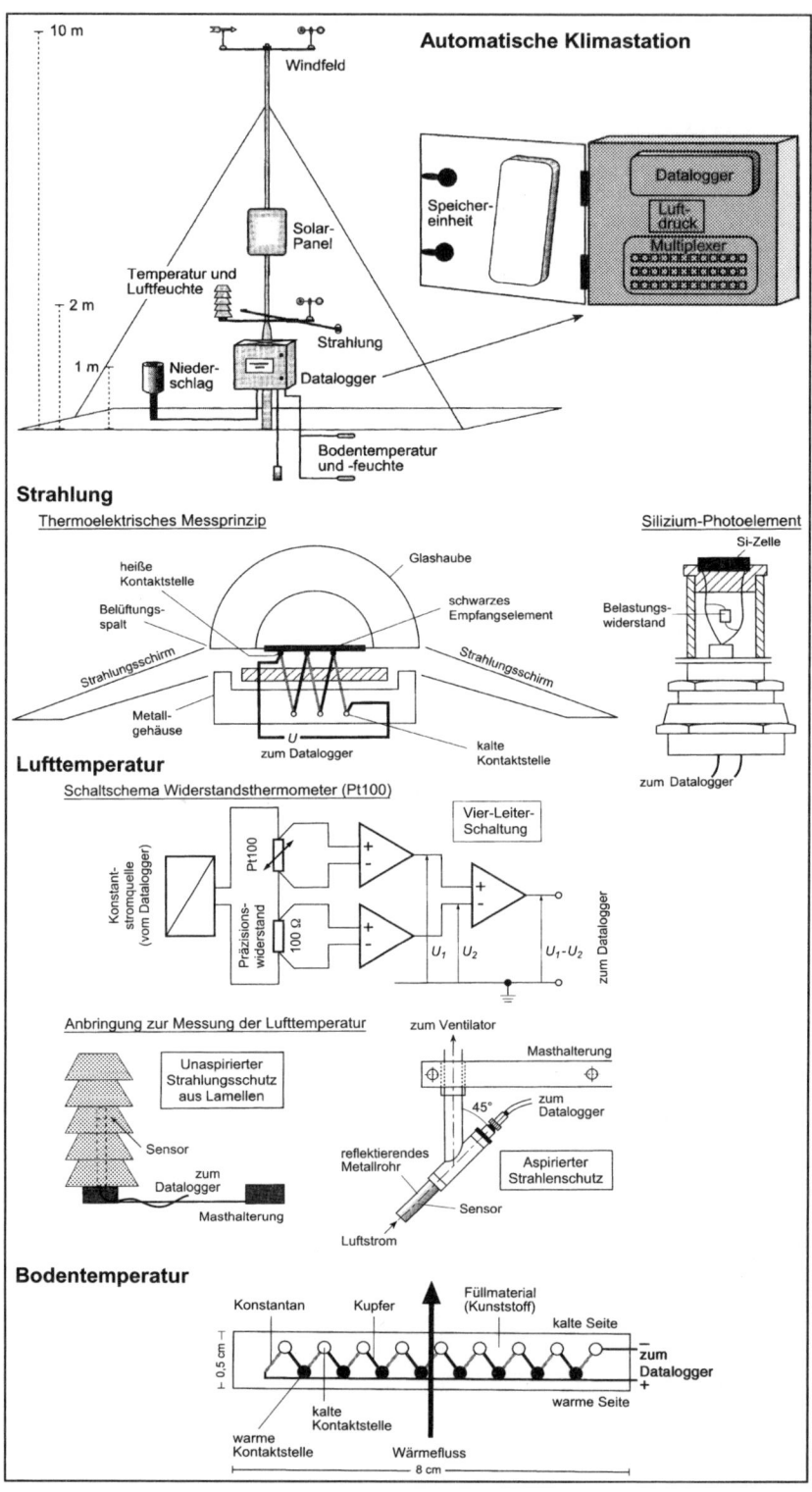

Automatische Klimastation

10 m
Windfeld

Datalogger
Speicher-
einheit
Luft-
druck
Multiplexer

Solar-
Panel

Temperatur und
Luftfeuchte

2 m

Strahlung

1 m
Nieder-
schlag
Datalogger

Bodentemperatur
und -feuchte

Strahlung

Thermoelektrisches Messprinzip

Silizium-Photoelement
Si-Zelle

Glashaube

heiße
Kontaktstelle

schwarzes
Empfangselement

Belüftungs-
spalt

Belastungs-
widerstand

Strahlungsschirm
Strahlungsschirm

Metall-
gehäuse

U
zum Datalogger

kalte
Kontaktstelle

zum Datalogger

Lufttemperatur

Schaltschema Widerstandsthermometer (Pt100)

Vier-Leiter-
Schaltung

Konstant-
stromquelle
(vom Datalogger)

Pt100

Präzisions-
widerstand

100 Ω

U_1 U_2

$U_1 - U_2$

zum Datalogger

Anbringung zur Messung der Lufttemperatur

zum Ventilator

Masthalterung

Unaspirierter
Strahlungsschutz
aus Lamellen

45°

zum
Datalogger

Sensor

reflektierendes
Metallrohr

Aspirierter
Strahlenschutz

zum
Datalogger

Sensor

Masthalterung

Luftstrom

Bodentemperatur

Konstantan   Kupfer

Füllmaterial
(Kunststoff)

kalte Seite

0,5 cm

zum
Datalogger

warme Seite

warme
Kontaktstelle

kalte
Kontaktstelle

Wärmefluss

8 cm

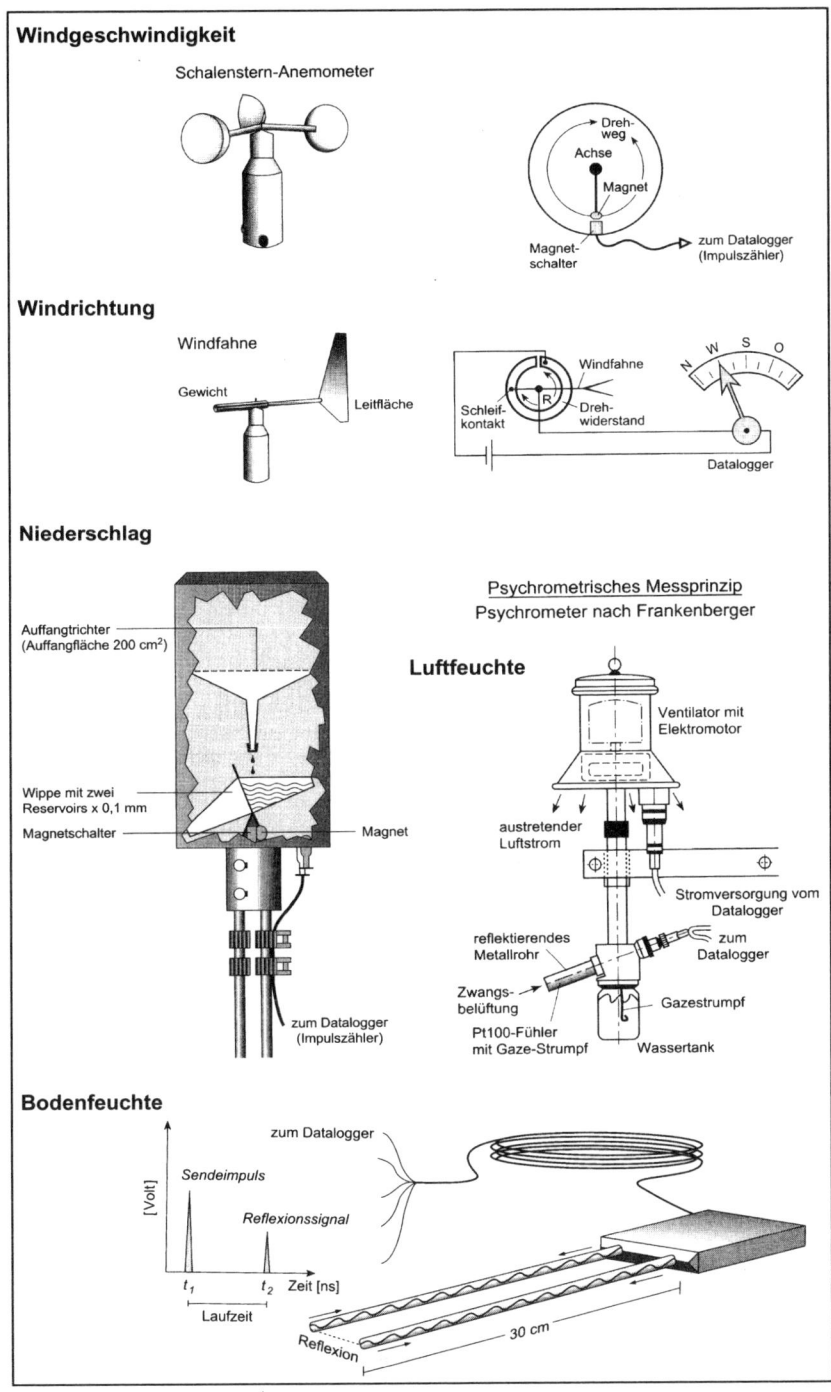

Windgeschwindigkeit

Schalenstern-Anemometer

Dreh-weg
Achse
Magnet
Magnet-schalter
zum Datalogger (Impulszähler)

Windrichtung

Windfahne
Gewicht
Leitfläche
Windfahne
Schleif-kontakt
Dreh-widerstand
Datalogger
N W S O

Niederschlag

Auffangtrichter (Auffangfläche 200 cm²)
Wippe mit zwei Reservoirs x 0,1 mm
Magnetschalter
Magnet
zum Datalogger (Impulszähler)

Psychrometrisches Messprinzip
Psychrometer nach Frankenberger

Luftfeuchte

Ventilator mit Elektromotor
austretender Luftstrom
Stromversorgung vom Datalogger
reflektierendes Metallrohr
zum Datalogger
Zwangs-belüftung
Pt100-Fühler mit Gaze-Strumpf
Gazestrumpf
Wassertank

Bodenfeuchte

zum Datalogger
[Volt]
Sendeimpuls
Reflexionssignal
t_1 t_2 Zeit [ns]
Laufzeit
Reflexion
30 cm

Abb. 5.4: Messgeräte einer automatischen Klimastation (BENDIX 2004, S. 187, 190, 194, 196, 198, 200, 202 u. 204).

setzt sind, ihr Zwischenraum aber evakuiert ist. Bei einer Luftdruckänderung variiert die Entfernung der Kondensatorplatten ebenso wie die Kapazität, deren Änderung proportional der Druckänderung ist.

5.3 Fallstudie: Klimaklassifikationen

Die typisierende Einteilung der Klimate der Erde war ein intensives und langes Forschungsziel der Klimageographie. Bei diesen Einteilungen lassen sich zwei Gruppen unterscheiden: Eine, die auf dem Zustandekommen der jeweiligen individuellen Ausprägung der Klimate basiert und die als genetische Klassifikation bezeichnet wird. Eine zweite Gruppe, als effektive Klassifikation definiert, ist eng an Pflanzenformationen und hydrologische Verhältnisse angelehnt, und die individuelle Ausprägung der jeweiligen Einheiten wird mit charakteristischen Werten der messbaren Klimaelemente belegt.

Genetische Klimaklassifikationen   Die räumliche Lage einzelner Regionen in der atmosphärischen Zirkulation und die Einflüsse von Luftmassen im Jahresgang sind die Grundlage genetischer Klassifikationen. Die Einteilung liefern die **Zirkulationsgürtel** auf jeder Halbkugel. Diese sind: die äquatoriale Westwindzone mit den innertropischen Konvergenzen, die subtropische Trocken- oder Passatzone, die außertropische Westwindzone und die hochpolare Ostwindzone (FLOHN 1950).

Es gibt Regionen, die ganzjährig im Einflussbereich desselben Zirkulationsgürtels liegen und die als **stetige Klimate** eingeordnet werden, und Regionen mit **alternierenden Klimaten**, die durch die jahreszeitliche Verlagerung der Zirkulationsgürtel periodisch in den Einflussbereich verschiedener Zirkulationsgürtel gelangen.

Mit dieser Methode wurde die Klimagliederung auf dem Idealkontinent (FLOHN 1950) und in Weltkarten (DIERCKE WELTATLAS 2002, S. 223) dargestellt.

Effektive Klimaklassifikationen   Ausgehend von der Verteilung der Pflanzenformationen und der hygrischen Verhältnisse wurden auf der Basis von der Temperatur, des Niederschlags und dem Andauern einzelner Verhältnisse nach Monaten thermische und hygrische Schwellenwerte festgelegt und erste Klimaklassifikationen vorgenommen (KÖPPEN 1936). Regionale, nicht genügend differenzierte Klimaeinteilungen – etwa an der Ostseite der Kontinente, in den Wüstenrandgebieten und in den Höhenstufen – führten zu zahlreichen Abwandlungen, wobei dann neue Grenzwerte etwa unter Einbeziehung von Kulturpflanzen oder der Anzahl der humiden und ariden Monate festgelegt wurden. Weiterhin wurden der Jahresgang der Temperatur und die Strahlung in neuere Klassifikationen eingearbeitet, so dass heute von dem relativ einfachen Köppen'schen System über VON WISSMANN und CREUTZBURG bis hin zu TROLL/PAFFEN und hochkomplexen, ökologische Parameter integrierenden Systemen (LAUER/FRANKENBERG 1988) eine große Zahl effektiver Klimaklassifikationen vorliegt, die sich in Atlanten (DIERCKE WELTATLAS 2002, S. 222 f.) und Kartendarstellungen präsentieren (u. a. KÖPPEN/GEIGER, V. WISSMANN, CREUTZBURG, TROLL/PAFFEN – Beilagen in BLÜTHGEN/WEISCHET 1980).

Klimazone	Druckgebiete Windsysteme	Klimatyp
Polare Klimazone	Polarhoch Polare Ostwinde	Polarklima
Subpolare Klimazone	**Sommer:** Außertropische Westwinde **Winter:** Polare Ostwinde	Subpolares Klima
Gemäßigte Klimazone	Außertropische Westwinde	Seeklima der Westseiten Übergangsklima Kühles Kontinentalklima Sommerwarmes Kontinentalklima Ostseitenklima
Subtropische Klimazone	**Sommer:** Subtropischer Hochdruckgürtel **Winter:** Außertropische Westwinde	Winterregenklima der Westseiten Subtropisches Ostseitenklima
Passatklimazone	Passatwinde	Trockenes Passatklima Feuchtes Passatklima
Zone des Tropischen Wechselklimas	**Sommer:** Innertropische Konvergenzzone **Winter:** Passatwinde	Tropisches Wechselklima
Äquatoriale Klimazone	Innertropische Konvergenzzone	Äquatorialklima
Klimate der Hochgebirge		Temperaturabnahme mit der Höhe Höhenstufen

Abb. 5.5: Klimaklassifikation nach NEEF auf der Grundlage von FLOHN (DIERCKE WELTATLAS 2002, S. 223; http://www.klett-verlag.de/klett-perthes/sixcms/klett-perthes/terra-extra).

Aus der Vielzahl sollen zwei Methoden der Klassifikation vorgestellt werden, die eine weite Anwendung erfahren und die in Tabellen des Handbuches ausgewählter Klimastationen der Erde (MÜLLER 1983) zur Einordnung der Stationen in die Klimazonen dienen.

Das **System von KÖPPEN** findet weltweit, besonders im angloamerikanischen Bereich, eine Anwendung und ist Grundlage einer Klimakarte (KÖPPEN/GEIGER 1936).

KÖPPEN unterscheidet Haupttypen, die jeweils mit einem großen Buchstaben gekennzeichnet werden, und nimmt mit Kleinbuchstaben Untergliederungen vor, die nach der Verteilung und dem Mengenverhältnis der Niederschläge sowie an dritter Stelle nach der Differenzierung der Sommerwärme und Winterkälte geordnet werden.

Die Klimagliederung von TROLL und PAFFEN orientiert sich wiederum an den Vegetationstypen, macht aber den jahreszeitlichen Wechsel der ökologisch entscheidenden Elemente wie Beleuchtung und Strahlung, Tempera-

A-Klimate = tropische Regenklimate ohne kühle Jahreszeit (kältester Monat > 18°C). Die weitere Differenzierung erfolgt dann nach dem Fehlen oder Vorhandensein einer Trockenzeit.

B-Klimate = trockene Klimate, deren Abgrenzung gegen A, C und D nach dem empirisch ermittelten Verhältnis von Temperatur (t in °C) und Jahresniederschlag (in cm) gegeben ist:
a) bei Sommerregen r = 2t + 28
b) bei Regen ohne Periode r = 2t + 14
c) bei Winterregen r = 2t
Innerhalb dieses Bereiches wird zwischen den Steppenklimaten BS und den Wüstenklimaten BW unterschieden, indem obige Indizes einfach halbiert werden, für Wüstenklimate:
a) bei Sommerregen r = t + 14
b) bei Regen ohne Periode r = t + 7
c) bei Winterregen r = t
Die weitere Differenzierung der B-Klimate erfolgt nach der Temperatur.

C-Klimate = warmgemäßigte Regenklimate, deren kältester Monat zwischen + 18°C und −3°C liegt, während der wärmste +10°C übersteigt. Die Niederschläge sind ganzjährig bzw. jahreszeitlich höher als nach dem bei B angegebenen Grenzwert für Trockenklimate. Die weitere Differenzierung erfolgt hierbei nach der jahreszeitlichen Verteilung der Niederschläge und sodann nach der Temperatur.

D-Klimate = boreale, d.h. nur auf der Nordhalbkugel ausgebildete oder Schnee-Wald-Klimate mit Januarmitteln unter −3°C, jedoch Julimitteln von über +10°C. Die weitere Unterteilung erfolgt ähnlich wie bei C nach dem Jahresgang der Niederschläge und nach den Monatstemperaturen.

E-Klimate = kalte Klimate jenseits der Baumgrenze, d.h. der polaren wie der Höhenbaumgrenze. Letzteres wird unzutreffend auch als Tundrenklima bezeichnet, jedoch findet sich in den höheren Gebirgen niedrigerer Breiten jenseits der Höhenbaumgrenze und teilweise auch jenseits der polaren Baumgrenze gar keine echte, mit Dauerfrostboden verknüpfte Tundra, sondern Matten, Triften, Fjällheide u. ä. Der wärmste Monat bleibt hier unter +10°C, dem ungefähren Schwellenwert für die Baumgrenze, der im kontinentalen Bereich bei etwa +9°C, im maritimen Bereich bei etwa +11°C angesetzt werden muss.

F-Klimate = Schneeklimate oder Klimate ewigen Frostes mit einer Mitteltemperatur des wärmsten Monats noch unter 0°C. Gelegentliche positive Temperaturen können daher auftreten, reichen aber nicht für Pflanzenwuchs aus. Ebenso kann es auch gelegentlich noch zu Regenfällen kommen, die jedoch die ständige Akkumulation des (mengenmäßig allerdings spärlichen) Schnees nicht nennenswert beeinflussen, vielmehr durch baldiges Gefrieren zur Vermehrung von Eis und Firn beitragen.

Bei den Niederschlägen wird nach der jahreszeitlichen Lage der Trockenzeit unterschieden zwischen:
w wintertrocken, und zwar
a) bei C und D regenreichster Monat der wärmeren Jahreszeit mit mehr als zehnmal so viel Niederschlag wie regenärmster der kälteren,
b) bei A mindestens ein Monat mit weniger als 6 cm Niederschlag

s sommertrocken, und zwar
a) bei C und D regenreichster Monat der kälteren Jahreszeit mit mindestens dreimal so viel Niederschlag wie regenärmster der wärmeren,
b) bei A nur äußerst selten (im Lee tropisch-subtropischer Inseln wie z.B. Hawaii) vorkommend. Besitzt auch der trockenste Monat bei dem angegebenen Verhältnis

zum regenreichsten noch mindestens 3 cm Niederschlag, wird das s erst an dritter Stelle neben f gesetzt.

f ausgesprochene Trockenzeit fehlt, d.h. mehr oder weniger ganzjährige Niederschläge mit Schwankungen, die geringer als die für w und s geforderten sind.

m Mittelform zwischen f und w im Bereich tropischen Monsunklimas, wo die Trockenzeit zwar vorhanden, aber so kurz und wenig effektiv ist, dass die von dem Niederschlagsreichtum der übrigen Monate herrührende Bodenfeuchtigkeit es dem Urwald ermöglicht, die regenarme Zeit ohne besondere ökologische Anpassung zu überdauern.

Charakteristische Niederschlagsgänge werden wie folgt unterschieden:
s' w' = Sonderformen sommer- bzw. wintertrockener Untertypen, bei denen das Regenmaximum im Herbst auftritt
s" w" = gegabelte Regenzeit mit kleiner Trockenzeit dazwischen
x = Frühsommerregen, Spätsommer heiter
x' = seltene, aber heftige Regen zu allen Jahreszeiten.
Die Luftfeuchtigkeit wird folgendermaßen berücksichtigt:
n = nebelreich
n' = Nebel selten, aber große Luftfeuchtigkeit bei kühlem Sommer (< 24°C)
n" = desgleichen bei warmem Sommer (24–28°C)
n''' = desgleichen bei heißem Sommer (> 28°C).

Die nach der **Wärme** aufgestellten Formelglieder, die bei KÖPPEN erst an dritter Stelle rangieren, umfassen folgende Untertypen nach Schwellen- bzw. Andauerwerten:
erste Gruppe: nur bei den **C- und D-Klimaten** verwendet
a = Temperatur des wärmsten Monats > 22°C
b = desgl. < 22°, aber noch mindestens 4 Monate > 10°C
c = nur 1 bis 4 Monate > 10°, kältester Monat > −38°C
d = desgl., aber kältester Monat < −38°C

zweite Gruppe: nur bei den **B-Klimaten** verwendet
h = heiß (Jahrestemperatur > 18°C)
k = winterkalt (Jahrestemperatur < 18°C, aber wärmster Monat > 18°C)
k' = desgl., jedoch auch wärmster Monat < 18°C dritte Gruppe
I = lau, alle Monate 10–22°C
i = isotherm, Differenz der extremen Monate < 5°C

Charakteristische Temperaturjahresgänge werden nach ihrem geographischen Vorkommen benannt:
g = Ganges-Typus, Maximum vor der Sommersonnenwende und der Sommerregenzeit
t' = Kap-Verde-Typus, wärmste Zeit in den Herbst verschoben
t" = sudanischer Typus, kühlster Monat – bei geringer Jahresschwankung – unmittelbar nach der Sommersonnenwende.

Abb. 5.6: Klimaklassifikation von KÖPPEN (nach BLÜTHGEN/WEISCHET 1980, S. 668–670).

tur, Niederschlag sowie Anzahl der humiden und ariden Monate zu wesentlichen Gliederungspunkten. Es werden fünf Klimazonen ausgewiesen, die durch die Einbeziehung der ökologischen Parameter detailliert gegliedert sind. Die Gliederung ist in der Karte der Jahreszeitenklimate (TROLL/PFAFFEN 1964) angewendet.

I. Polare und subpolare Zonen

1. Hochpolare Eisklimate: polare Eiswüsten.

2. Polare Klimate mit geringer Sommerwärme (wärmster Monat unter +6°C): polare Frostschuttzone.

3. Subarktische Tundrenklimate mit kühlen Sommern (wärmster Monat 6–10°C) und großer Winterkälte (kältester Monat unter −8°C): Tundren.

4. Subpolare Klimate von hoher Ozeanität mit mäßig kalten, schneearmen Wintern (kältester Monat +2°C bis −8°C) und kühlen Sommern (wärmster Monat 5–12°C; Jahresschwankung < 13°C, meist < 10°C): subpolares Tussock-Grasland und Moore.

II. Kaltgemäßigte boreale Zone

1. Ozeanische Borealklimate (Jahresschwankung 13–19°C) mit mäßig kalten, aber relativ schneereichen Wintern (kältester Monat +2°C bis −3°C; winterliches Niederschlagsmaximum), mäßigwarmen Sommern (wärmster Monat 10–15°C) und einer Vegetationsdauer von 120–180 Tagen: ozeanisch-feuchte Nadelwälder.

2. Kontinentale Borealklimate (Jahresschwankung 20–40°C) mit langen, sehr kalten und schneereichen Wintern, aber kurzen, relativ warmen Sommern (wärmster Monat 10–20°C) und 100–150 Tagen Vegetationsdauer: kontinentale Nadelwälder.

3. Hochkontinentale Borealklimate (Jahresschwankung > 40°C) mit ewiger Bodengefrornis, sehr langen, extrem kalten und trockenen Wintern (kältester Monat unter −25°C), kurzer, aber ausreichender sommerlicher Erwärmung (wärmster Monat 10–20°C) und tiefem Auftauboden: hochkontinentale, trockene Nadelwälder.

III. Kühlgemäßigte Zonen
Waldklimate:

1. Hochozeanische Klimate (Jahresschwankung < 10°C) mit sehr milden Wintern (kältester Monat 2–10°C), hohem winterlichem Niederschlagsmaximum und kühlen bis mäßig warmen Sommern (wärmster Monat unter 15°C): immergrüne Laub- und Mischwälder.

2. Ozeanische Klimate (Jahresschwankung <16°C) mit milden Wintern (kältester Monat über 2°C), Herbst- und Wintermaximum der Niederschläge und mäßig warmen Sommern (wärmster Monat unter 20°C): ozeanische Falllaub- und Mischwälder.

3. Subozeanische Klimate (Jahresschwankung 16–25°C) mit milden bis mäßig kalten Wintern (kältester Monat +2°C bis −3°C), Herbst- bis Sommerniederschlagsmaximum, mäßig warmen bis warmen und langen Sommern und einer Vegetationsdauer von über 200 Tagen: subozeanische Falllaub- und Mischwälder.

4. Subkontinentale Klimate (Jahresschwankung 20–30°C) mit kalten Wintern (kältester Monat −3°C bis +13°C) und ausgeprägter Winterruhe, mit mäßig warmen Sommern (wärmster Monat meist unter 20°C), sommerlichem Niederschlagsmaximum und einer Vegetationsdauer von 160–210 Tagen: subkontinentale Falllaub- und Mischwälder.

5. Kontinentale, winterkalte und schwach wintertrockene Klimate (Jahresschwankung +30°C bis −10°C. kältester Monat −10°C bis −20°C) mit mäßig warmen und mäßig feuchten Sommern (wärmster Monat 15–20°C und einer Vegetationsdauer von 150–180 Tagen: kontinentale Falllaub- und Mischwälder sowie Waldsteppen.

6. Hochkontinentale, winterkalte und wintertrockene Klimate (Jahresschwankung meist > 40°C, kältester Monat −10°C bis −30°C) mit kurzen, warmen und feuchten Sommern (wärmster Monat über 20°C): hochkontinentale Falllaub- und Mischwälder sowie Waldsteppen.

7. Sommerwarme und sommerfeuchte Klimate (Jahresschwankung 25–35°C) mit mäßig kalten, aber trockenen Wintern (kältester Monat 0°C, wärmster Monat 20–26°C): wintertrockene und winterharte, wärmeliebende Falllaub- und Mischwälder sowie Waldsteppen.

7a. Sommerwarme und sommertrockene Klimate mit mildem bis mäßig kaltem, aber schwach feuchtem Winterhalbjahr (kältester Monat +2°C bis −6°C; wärmster Monat 20–26°C): mild temperierte bis winterharte, wärmeliebende Trockenwälder und Waldsteppen.

8. Sommerwarme, ständig feuchte Klimate (Jahresschwankung 20–30°C) mit milden bis mäßig kalten Wintern (kältester Monat +2°C bis −6°C; wärmster Monat 20–26°C): feuchte, wärmeliebende Falllaub- und Mischwälder.

Steppen- und Wüstenklimate:

9. Winterkalte Feuchtsteppenklimate mit 6 und mehr humiden Monaten und Wachstumszeit im Frühjahr und Frühsommer (kältester Monat < 0°C): kraut- und staudenreiche Hochgrassteppen.

9a. Wintermilde Feuchtsteppenklimate (kältester Monat > 0°C).

10. Winterkalte, sommerdürre Trockensteppenklimate mit weniger als 6 humiden Monaten (kältester Monat < 0°C): Kurzgras-, Zwergstrauch- und Dornsteppen.

10a. Wintermilde, sommerdürre Trockensteppenklimate (kältester Monat +6°C bis 0°C): Gras-, Zwergstrauch- und Dornsteppen.

11. Winterkalte und wintertrockene, sommerfeuchte Steppenklimate (kältester Monat < 1°C): zentral- und ostasiatische Gras- und Zwergstrauchsteppen.

12. Winterkalte Halbwüsten- und Wüstenklimate (kältester Monat < 1°C): winterkalte Halb- und Vollwüsten.

12a. Wintermilde Halbwüsten- und Wüstenklimate (kältester Monat +6°C bis 0°C): wintermilde Halb- und Vollwüsten.

IV. Warmgemäßigte Zonen (Subtropen i. w. S.)

(Alle Ebenen- und Hügellandklimate wintermilde, d. h. kältester Monat 2 – 13°C, auf der Südhalbkugel 6 – 13°C)

1. Winterfeucht-sommertrockene Klimate vom mediterranen Typus (meist mehr als 5 humide Monate): subtropische Hartlaub- und Nadelgehölze.

2. Winterfeucht-sommerdürre Steppenklimate (meist weniger als 5 humide Monate): subtropische Gras- und Strauchsteppen.

3. Kurz sommerfeuchte und wintertrockene Steppenklimate (weniger als 5 humide Monate): subtropische Dorn- und Sukkulentensteppen.

4. Lang sommerfeuchte und wintertrockene Klimate (meist 6 – 9 humide Monate): subtropische Kurzgrassteppen und hartlaubige Monsunwälder und -waldsteppen.

5. Halbwüsten- und Wüstenklimate ohne strenge Winter, aber meist mit vorübergehenden oder Nachtfrösten (meist weniger als 2 humide Monate): subtropische Halbwüsten und Vollwüsten.

6. Ständig feuchte Graslandklimate der Südhemisphäre (10 – 12 humide Monate): subtropische Hochgrasfluren.

7. Ständig feuchte und sommerheiße Klimate mit sommerlichem Niederschlagsmaximum: subtropische Feuchtwälder (Lorbeer- und Nadelgehölze).

V. Tropenzone

1. Tropische Regenklimate ohne oder mit kurzer Unterbrechung der Regenzeit (12 bis 9,5 humide Monate): immergrüne tropische Regenwälder und halblaubwerfende Übergangswälder.

2. Tropisch-sommerhumide Feuchtklimate mit 9,5 bis 7 humiden bzw. 2,5 bis 5 ariden Monaten: regengrüne Feuchtwälder und feuchte Grassavannen.

2a. Tropisch-winterhumide Feuchtklimate mit 9,5 bis 7 humiden bzw. 2,5 bis 5 ariden Monaten: halblaubwerfende Übergangswälder.

3. Wechselfeuchte Tropenklimate mit 7 bis 4,5 humiden bzw. 5 bis 7,5 ariden Monaten: regengrüne Trockenwälder und Trockensavannen.

4. Tropische Trockenklimate mit 4 – 2 humiden bzw. 7 – 10 ariden Monaten: tropische Dorn-Sukkulenten-Wälder und -Savannen.

4a. Tropische Trockenklimate mit humiden Monaten im Winter.

5. Tropische Halbwüsten- und Wüstenklimate mit weniger als 2 humiden bzw. mehr als 10 ariden Monaten: tropische Halb- und Vollwüsten.

IV/V. Jahreszeitlich luftfeuchte Küstenklimate:

IV/V a/b. Durch vorwiegend a) sommerliche bzw. b) winterliche Küstennebel jahreszeitlich luftfeuchte Küstenklimate im Bereich tropisch-subtropischer Wüsten- und wechselfeuchter Klimate: feuchter als dem Regionalklima entsprechend nebelgrüne bis immergrüne, epiphytenreiche Küsten- und Küstengebirgsvegetationstypen

Abb. 5.7: Klimaklassifikation nach TROLL/PAFFEN (vgl. BLÜTHGEN/WEISCHET 1980, S. 683 – 685).

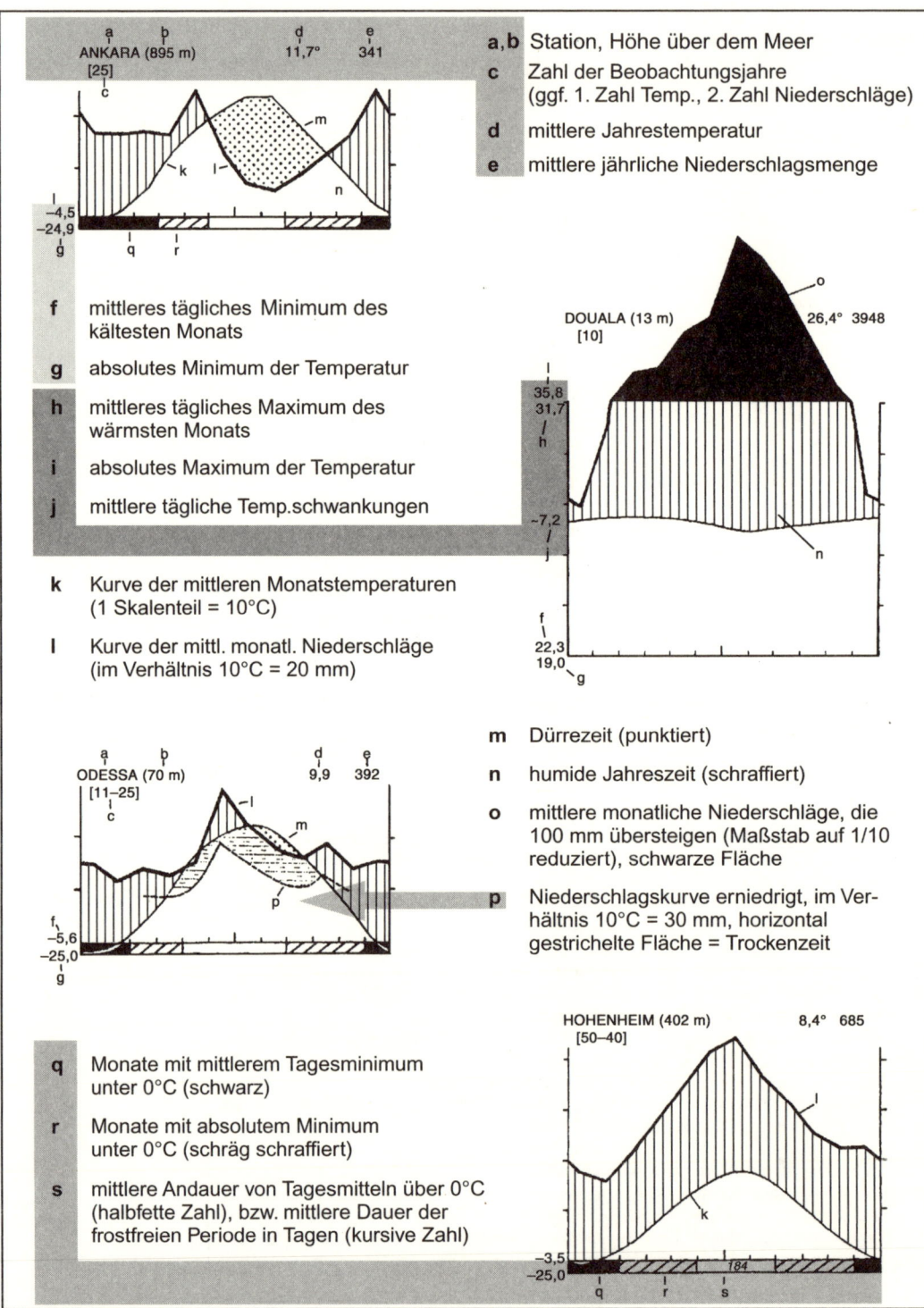

a,b Station, Höhe über dem Meer

c   Zahl der Beobachtungsjahre
     (ggf. 1. Zahl Temp., 2. Zahl Niederschläge)

d   mittlere Jahrestemperatur

e   mittlere jährliche Niederschlagsmenge

f   mittleres tägliches Minimum des
     kältesten Monats

g   absolutes Minimum der Temperatur

h   mittleres tägliches Maximum des
     wärmsten Monats

i   absolutes Maximum der Temperatur

j   mittlere tägliche Temp.schwankungen

k   Kurve der mittleren Monatstemperaturen
     (1 Skalenteil = 10°C)

l   Kurve der mittl. monatl. Niederschläge
     (im Verhältnis 10°C = 20 mm)

m   Dürrezeit (punktiert)

n   humide Jahreszeit (schraffiert)

o   mittlere monatliche Niederschläge, die
     100 mm übersteigen (Maßstab auf 1/10
     reduziert), schwarze Fläche

p   Niederschlagskurve erniedrigt, im Ver-
     hältnis 10°C = 30 mm, horizontal
     gestrichelte Fläche = Trockenzeit

q   Monate mit mittlerem Tagesminimum
     unter 0°C (schwarz)

r   Monate mit absolutem Minimum
     unter 0°C (schräg schraffiert)

s   mittlere Andauer von Tagesmitteln über 0°C
     (halbfette Zahl), bzw. mittlere Dauer der
     frostfreien Periode in Tagen (kursive Zahl)

Abb. 5.8: Klimadiagramme nach WALTER/LIETH (BORGER/ROSNER 2003, S. 107).

5.4 Fallstudie: Klimadiagramme

Klimadiagramme als grafische Darstellung der wesentlichen das Klima charakterisierenden meteorologischen Daten dokumentieren die Klimasituation in vielen Publikationen. **Klimadiagramme nach dem System von Walter/Lieth** (1960) haben eine weite Verbreitung, da im Klimadiagramm-weltatlas Diagramme von 8000 Stationen aller Kontinente dargestellt sind.

Die Diagramme wurden aus **agrarwissenschaftlich-ökologischer Sicht** entwickelt und erfassen mit einem charakteristischen jahreszeitlichen Ablauf der Witterung die für die Pflanzen entscheidenden Elemente. Hierbei wurde die Grenze einer Dürre für Pflanzen mit der Relation N = 2t und einer Trockenzeit mit N = 3t angesetzt. Bei der grafischen Darstellung wurde die Skaleneinteilung für die Kurve der mittleren Monatstemperaturen gegenüber der Einteilung der Kurve der mittleren Monatsniederschläge auf 2:1 (10°C = 20 mm) gesetzt, so dass bei Verlauf der Niederschlagskurve unter der Temperaturkurve eine Dürreperiode direkt ablesbar und durch ein Punktraster dargestellt wird. Feuchte Abschnitte mit dem Verlauf der Niederschlagskurve oberhalb der Temperaturkurve dokumentiert eine Schraffur, sehr feuchte Bedingungen mit einem mittleren Monatsniederschlag über 100 mm werden als schwarze Flächen gekennzeichnet und die Skalierung ist auf 1/10 reduziert.

Jahreszeitlicher Ablauf der Witterung

5.5 Fallstudie: Hurrikane/Taifune und ENSO-Phänomen

Hurrikane, synonym in der pazifischen Region Taifune, stellen für die Ostseite der Kontinente eine große Gefahr dar. Das ENSO- (El Niño Southern Oscillation) Phänomen hat globale Auswirkungen auf das Wettergeschehen. Hurrikane und ENSO sind saisonale Wettergeschehen und mehrjährige Klimaschwankungen, die in der engen Verzahnung von ozeanischen und atmosphärischen Komponenten entstehen. Die traditionellen Wetterbeobachtungen, Prognosen und auch die Klimaklassifikationen basieren überwiegend auf kontinentalen Stationen mit nur sehr wenigen Daten aus dem ozeanischen Bereich.

Sonden im Ozean und Fernerkundung über **Wettersatelliten**, die flächendeckend und zeitgleich die dynamischen Veränderungen der Atmosphäre sowie Wolken, Niederschlag, Wasserdampf, Temperatur, Spurengase und Ozon erfassen, schließen diese Beobachtungslücke.

Ozeanische Messmethoden

Die **NOAA (National Oceanic and Atmospheric Administration)** des US-Departments of Commerce (http://www.pmet.noa.gov/) unterhält über das PMEL (Pacific Marine Environmental Laboratory) zwischen 8° N und 8° S und von 137° E bis 95° W (Neu Guinea – Panama) ein Messnetz (TAO – Tropical Atmosphere-Ocean Array) von 70 **Bojen mit automatischen Stationen**, die Lufttemperatur, relative Luftfeuchte, wasseroberflächennahe Winde, Meeresoberflächentemperatur und Temperaturen des Ozeanwassers bis zu einer Tiefe von 500 m messen und die Daten über Satelliten senden.

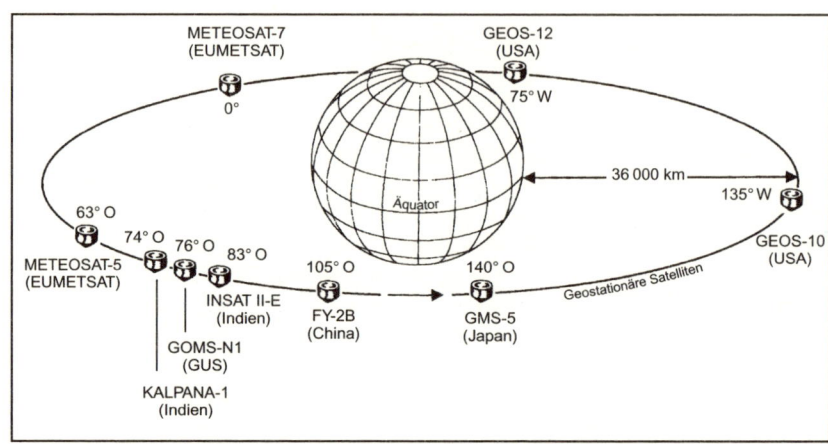

Abb. 5.9: Geostationäre Wettersatelliten (LÖFFLER et al. 2005, S. 76).

Seit 1960 gibt es Wettersatelliten, die in zwei Gruppen einzuteilen sind. Geostationäre Wettersatelliten sind in 36.000 km Höhe über dem Äquator angeordnet und polumlaufende Satelliten in rund 850 km Höhe.

	Meteosat	**NOAA**
	seit 1978	seit 1979
Flughöhe	35 800 km geostationär über Äquator	833 km polumlaufend
Wiederholrate	30 Minuten	12 Stunden
Pixelgröße	2,5 km x 2,5 km bzw. 5 km x 5 km	1,1 km x 1,1 km
Bildformat	Full-disk	2580 km x 2580 km
Spektralkanäle	Visible – Sichtbares Licht VIS: 0,50–0,90 µm Water vapour – Wasserdampf WV: 5,7–7,1 µm Infrarot IR: 10,5–12,5 µm	Sichtbares Licht K1: 0,58–0,68 µm K2: 0,72–1,10 µm Nahes Infrarot K3: 3,55–9,3 µm Infrarot K4: 10,3–11,3 µm K5: 11,5–12,5 µm

Abb. 5.10: Satellitendaten (nach http://satgeo.zum.de/satgeo/methoden).

Datenerfassung über Satellit

Die **geostationären Satelliten** haben eine hohe Auflösung und liefern alle 30 Minuten ein neues Bild, wobei mit jeder Aufnahme derselbe Bildausschnitt erfasst wird. Die räumliche Auflösung eines Satelliten erfasst ca. 40% der Erdoberfläche, durch die Positionierung der einzelnen geostationären Satelliten liegt ein weltumspannendes Netz vor. Die polwärts gelegenen und randlichen Gebiete werden stark verzerrt, diese Lücke schließen die **polumlaufenden Satelliten,** die für eine Erdumdrehung rund 100 Minuten benötigen und mit einem ca. 2500 km breiten Aufnahmestreifen mit räumlichen Auflösungen bis 1000 m pro Tag die Erde zweimal vollständig abdecken.

Die **CGMS (Coordination Group for Meteorological Satellites)** der World Meteorological Organisation (WMO) koordiniert und veröffentlicht die aktuellen Daten aller Satelliten des Global Observery System (http://www.wmo.ch/web-en/mdix.html).

Die Satelliten messen Strahlungsintensitäten von verschiedenen Wellenlängen und liefern drei Bilder: Infrarot, sichtbares Licht und Wasserdampf.

Die **Infrarotbilder** erfassen die Strahlungsintensität, die die Erdoberfläche bzw. die Wolkenoberflächen verlassen. Kalte Gebiete erscheinen hell, warme dunkel im Infrarotbild. Schwarze Landoberflächen sind heiß, graues Land ist kühl. Bei Wolken gilt, je stärker die Strahlung, desto wärmer die Wolkenoberfläche, je höher die Wolkenoberfläche, desto kälter ist diese. Graue Wolken sind tiefe Wolken, weiße Wolken sind hohe Wolken. Die Strahlungsdaten können in Temperaturen umgerechnet werden, unterhalb von Wolkenoberflächen mit Temperaturen niedriger als $-32°C$ wird Niederschlag angenommen.

Satellitenbilder im sichtbaren Bereich gibt es nur am Tage, gemessen wird die Strahlung in dem Frequenzbereich, in dem Wasserdampf das einfallende Sonnenlicht reflektiert. Starke Reflexion wird mit weiß dargestellt, Landoberflächen sind heller als das Meer, aber dunkler als Wolken. Helle Wolken sind dick und haben einen großen Wasseranteil mit kleinen mittleren Tröpfchengrößen. Graue Wolken haben eine geringere Dichte und bei kleinem Wassergehalt eine große mittlere Wolkentröpfchengröße.

Wasserdampfsatellitenbilder erfassen die Strahlung im Zusammenhang mit der Absorption. Je weniger Strahlung den Satelliten erreicht, desto mehr Wasserdampf ist in der Atmosphäre vorhanden.

Die Satellitendaten sind wesentlich für alle Wetterbeobachtungen. Speziell für **Prognosen** etwa zu den ENSO-Ereignissen gibt es zusätzliche Messnetze der NOAA, die Wasserstandsmessungen, Messungen der Windvektoren und der Meeresoberflächentemperaturen vornehmen. Diese Daten gehen in Prognosemodelle zu möglichen ENSO-Ereignissen ein (http://www.pmel.noaa.gov/).

5.6 Fallstudie: Gelände- und Stadtklimatologie

Relief, Vegetation und Bebauung variieren lokal die klimatischen Gegebenheiten und es entstehen kleinräumige **Standorte mit Sonderbedingungen**, die die Spanne von Temperatur über Windbewegungen bis hin zur Lufthygiene umfassen. Es sind Sachverhalte, die gut dokumentiert sind (Abb. 5.11) und die für die Praxis etwa bei der Wahl von Anbauregionen, bei Industriestandorten oder bei Stadtplanungen von großer Bedeutung sind.

Die Netze der Wetterstationen sind für die Quantifizierung der stadt- und geländeklimatologischen Gegebenheiten zu grobmaschig, und die für das Lokalklima notwendigen Parameter wie eine **zeit-höhenkontinuierliche Erfassung (Profiling)** der Lufttemperatur, Profiling der Temperaturschichtung und des Windfeldes sowie Turbulenzen und Beeinträchtigung

Bedeutung des Lokalklimas

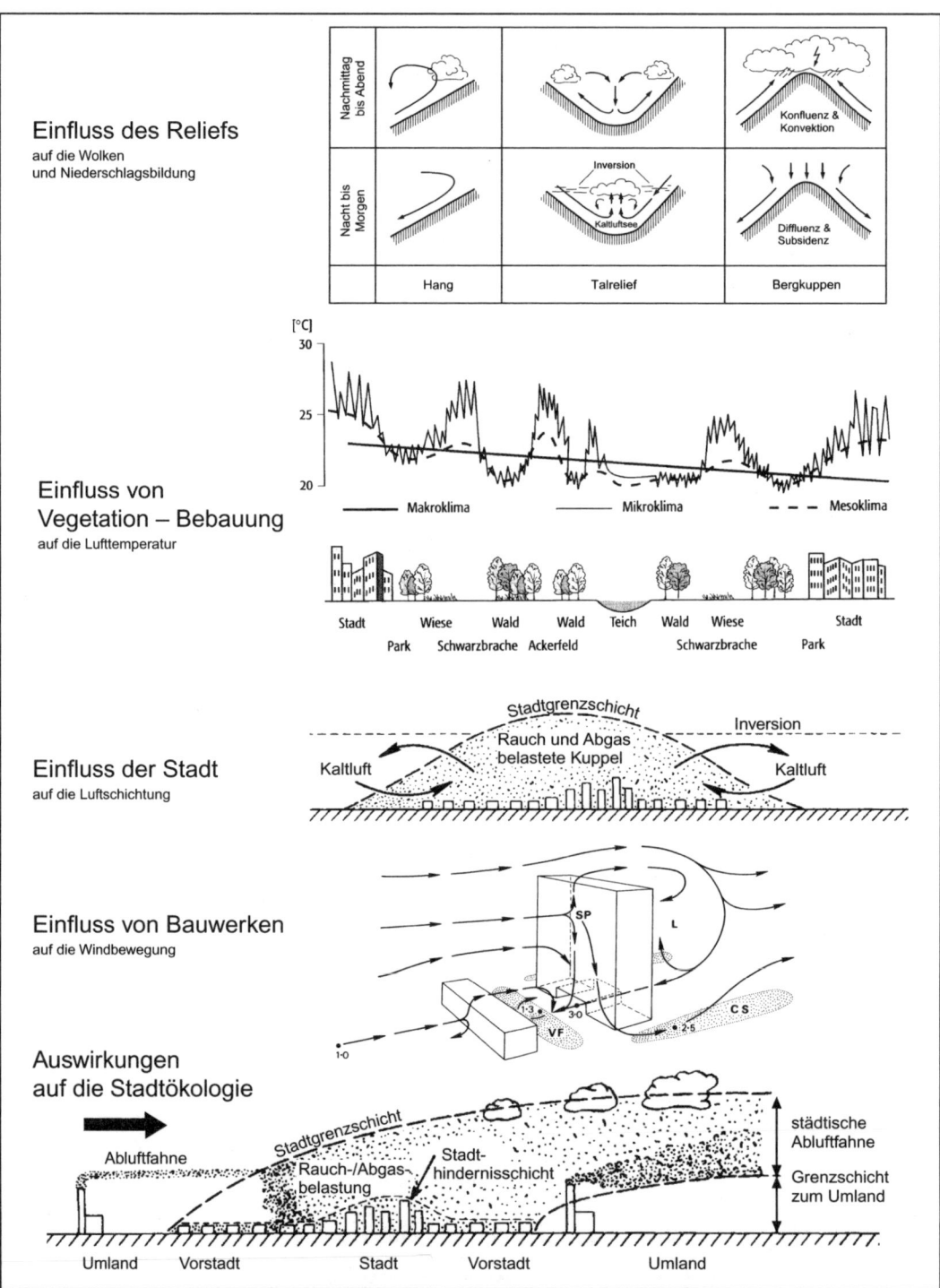

Abb. 5.11: Beispiele für Beeinflussungen des Stadt- und Geländeklimas (nach BARRY/CHORLEY 1992, S. 296 u. 304; BENDIX 2004, S. 138; VOGT 2002, Bd. 2, S. 7).

der Sichtverhältnisse durch Aerosole werden mit gesonderten Methoden erhoben.

Hierzu wird temporär eine automatische Messstation für die Grunddaten aufgebaut. Das Profiling kann über zwei Wege erfolgen. An **Sonden und Fesselballons** (kleine Zeppeline) werden Messgeräte für die direkte Messung angebracht, dann lässt man sie in die zu messenden Höhen aufsteigen. Die Daten werden über Funk auf Datenlogger übertragen. Der zweite Weg führt über eine bodengebundene Fernerkundung. Weiterhin können flächenhaft Temperaturwerte mit einem Infrarotthermoscanner aus einer Befliegung oder durch Auswertung einer Satellitenszene ermittelt werden.

Die **bodengebundene Fernerkundung** (Abb. 5.12) ist eine indirekte Messung, die den Atmosphärenzustand mit Hilfe von elektromagnetischer Strahlung verschiedener Wellenlängen oder Schallwellen erfasst, sie ist eingehend beschrieben bei BENDIX (2004).

Profiling der Lufttemperatur: Dieses erfolgt mit einer Kombination von einem pulsierenden Schallgerät **(SODAR – Sonic Detection And Ranging)** und einem Radar nach dem **RASS-Prinzip (Radio Acoustic Sounding System).** Die Methode beruht darauf, dass eine Schallwelle an ihrer Wellenfront die Dielektrizitätskonstante der Luft kurzfristig verändert und dadurch eine elektromagnetische Welle an dieser Inhomogenität reflektiert wird. Das pulsierende Schallgerät sendet eine Schallwelle aus, deren Ausbreitungsgeschwindigkeit von der Temperatur abhängig ist. Gleichzeitig wird ein kontinuierlicher Strom von Mikrowellen abgestrahlt, die an der Schallwellenfront reflektiert und an der Radar-Eingangsantenne aufgezeichnet werden. Elektromagnetische Wellen, die von einem Objekt reflektiert werden, erfahren eine Frequenzverschiebung, die umso größer ist, je schneller sich das Objekt bewegt (Doppler-Effekt). Aus der Dopplerverschiebung kann die Schallgeschwindigkeit ermittelt und daraus dann die Temperatur abgeleitet werden. Da die ausgestrahlten pulsierenden Schallwellen in jeder Höhenschicht mit der Mikrowelle interagieren, können diese zeithöhenkontinuierlich verfolgt werden, und somit kann man ein Profiling der Lufttemperatur erstellen.

Profiling der Temperaturschichtung: Sie wird mit dem SODAR ermittelt, wobei von einer Schallantenne pulsierende Schallwellen ausgestrahlt werden. Diese werden an starken Dichtesprüngen in Folge von thermischen Inhomogenitäten (z. B. Temperaturinversionen) reflektiert und in den Sendepausen an einer vertikalen Schallantenne aufgezeichnet. Aus der Intensität des Rückstreusignals können so genannte Sodargramme erstellt werden, aus denen sowohl Inversionshöhen als auch die Höhe der konvektiven Mischungsschicht abgeleitet werden können.

Profiling von horizontalen Windfeldern: Für diese Messung wird die SODAR-Anlage um zwei weitere, aber geneigte Schallantennen erweitert. Sofern sich die Luft mit den darin enthaltenen Temperaturinhomogenitäten in Bewegung befindet, tritt bei der Frequenz des reflektierten Signals ein Dopplereffekt ein. Aus diesem lässt sich dann die Windgeschwindigkeit errechnen.

Windmessung und Turbulenz: Auf einem schlanken 10 m hohen Mast wird ein **Sonic-Anemometer** montiert. Dieses Gerät arbeitet mit Ultraschall. Schallwandler senden einen Impuls aus und werden dann auf Emp-

Lokale Messmethoden

Temperaturmessung

Windmessung

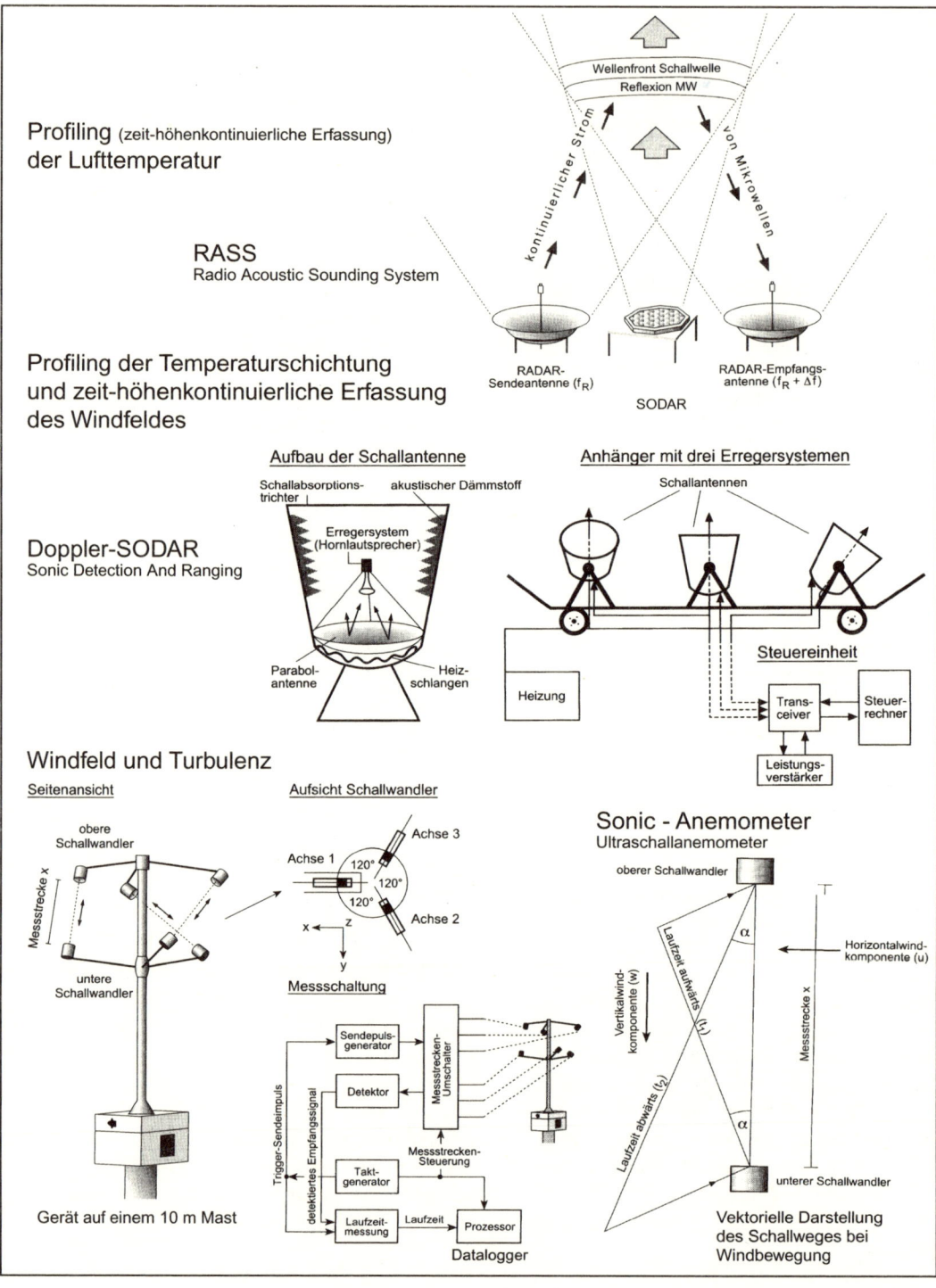

Profiling (zeit-höhenkontinuierliche Erfassung)
der Lufttemperatur

RASS
Radio Acoustic Sounding System

Profiling der Temperaturschichtung
und zeit-höhenkontinuierliche Erfassung
des Windfeldes

Doppler-SODAR
Sonic Detection And Ranging

Windfeld und Turbulenz

Sonic - Anemometer
Ultraschallanemometer

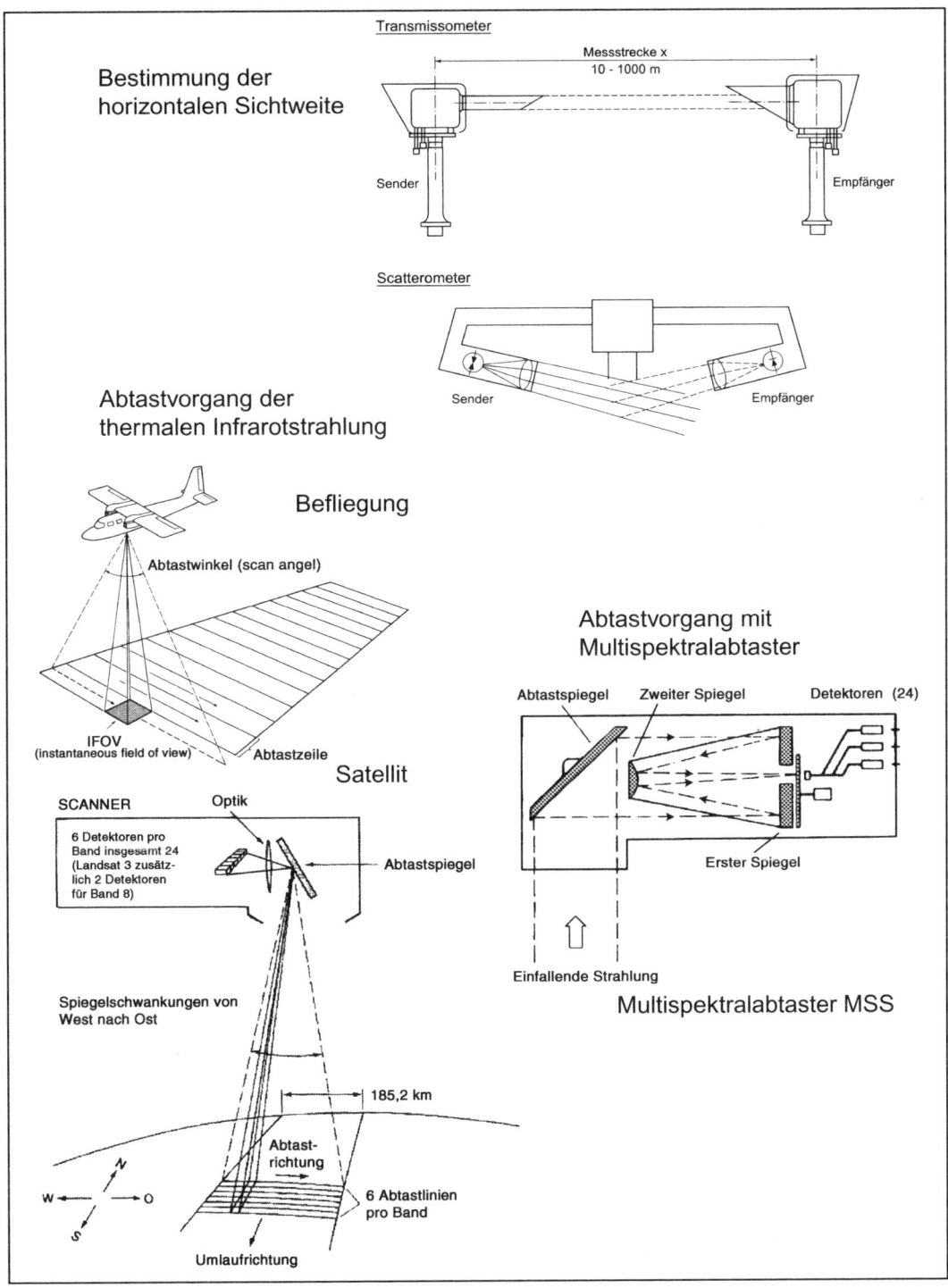

Abb. 5.12: Messgeräte für die Gelände- und Stadtklimatologie (BENDIX 2005, S. 207, 210, 213 u. 218; LÖFF-LER et al. 2004, S. 47 u. 61).

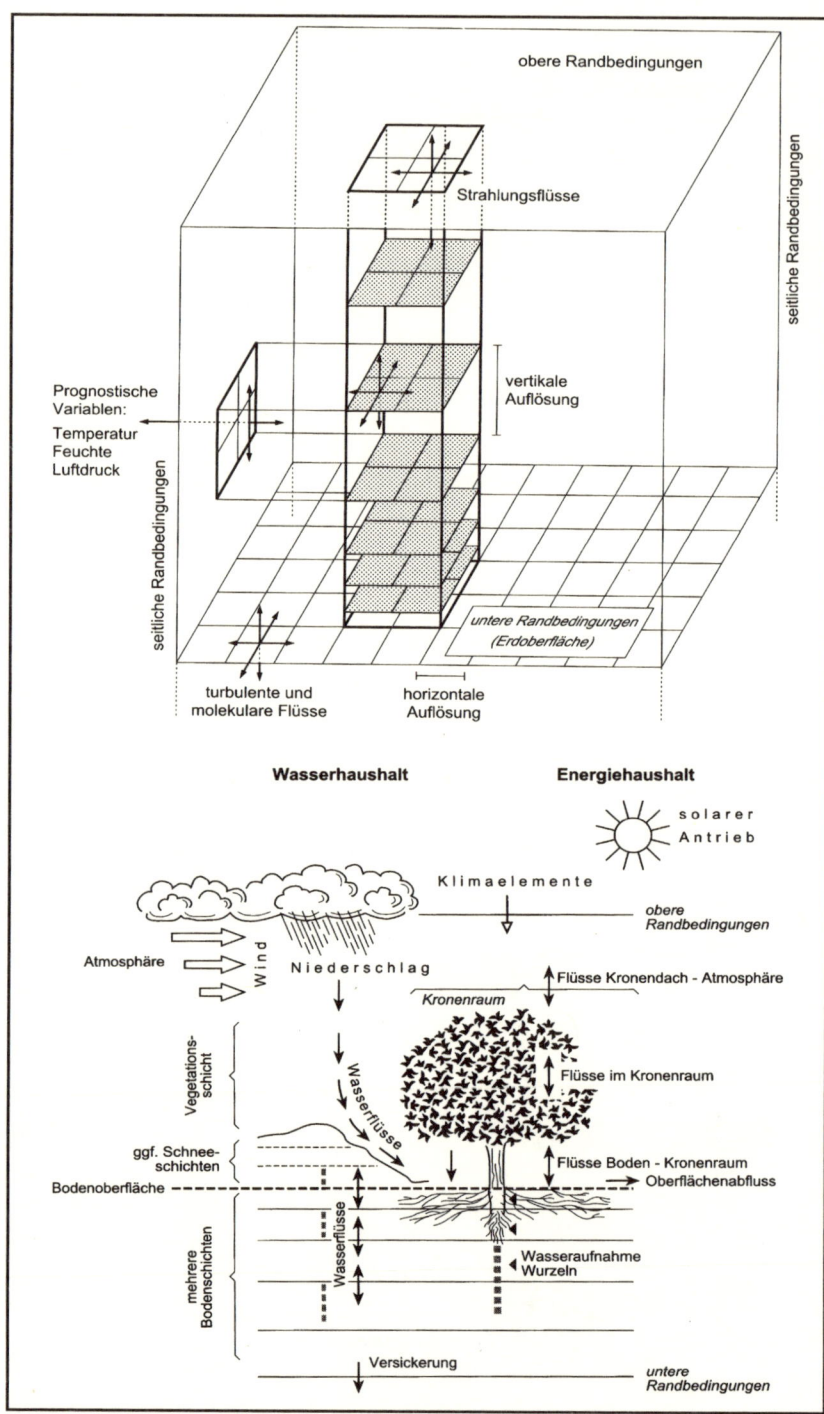

Abb. 5.13: Schematischer Aufbau eines numerischen Simulationsmodells (BENDIX 2004, S. 231). Schema eines typischen SVAT-Modells (Soil-Vegetation-Atmosphere-Transfer) (BENDIX 2004, S. 237).

fang umgeschaltet. Die Schallgeschwindigkeit ist von der temperaturbedingten Luftdichte abhängig, die Schallausbreitung wird durch das horizontale und vertikale Windfeld beeinflusst. Dies bewirkt eine Änderung der Weglänge für die Schallwellenfront und somit eine Änderung des Impulses. Über Gleichungen mit Wechselfunktionen lassen sich dann die horizontale und vertikale Komponente des Windfeldes berechnen. Bei Verwendung eines dreiachsigen Sonic-Anemometers lassen sich unter Einbeziehung von Temperaturbedingungen verschiedene Turbulenzparameter errechnen.

Bestimmung der horizontalen Sichtweite: Hierbei wird von einer Lichtschwächung auf der Messstrecke ausgegangen. Von einem Sender werden Lichtimpulse im kurzwelligen Bereich ausgestrahlt und an einem Empfänger gemessen, wie sehr die Strahlung durch Aerosole oder Nebeltröpfchen geschwächt wurde. Es gibt zwei Messverfahren: Beim **Transmissometer** stehen Sender und Empfänger direkt gegenüber, beim **Scatterometer** stehen diese nicht in einer Sichtlinie und das Streulicht wird gemessen. Messung der Sichtweite

Thermale Infrarotstrahlung: Durch Befliegung einer Region mit einem **Thermal-Abtaster** kann die räumliche Verteilung von Temperaturen dargestellt werden. Die Scanner lenken die einfallende Strahlung durch einen schnell rotierenden Abtastspiegel auf einen gekrümmten Spiegel und ein Prismensystem auf einen Detektor. Die Signale werden verstärkt und auf einem Magnetband aufgezeichnet. Die Aufzeichnungen geben Temperaturdifferenzen wieder, für die Ermittlung von Temperaturwerten sind Eichungen über Temperaturmessungen in dem gesamten Gebiet erforderlich.

Eine hohe Auflösung der thermalen Infrarot-Aufnahmen lässt sich durch eine geringe Flughöhe mit Hubschraubern erreichen, aber auch Satellitenaufnahmen der Landsat- und der NOAA-Serien können für Auswertungen genutzt werden.

Die gemessenen Daten werden statistisch bearbeitet, das Umsetzen der einzelnen punktuellen Messergebnisse in die Fläche und das Visualisieren erfolgt über ein GIS-System (vgl. Abb. 1.1). Weiterhin kommen für Prognosen und Bilanzierungen **numerische Simulationsmodelle** zum Einsatz, die aber zusätzlich zu den engeren geländeklimatologischen Befunden noch allgemeine atmosphärische oder auch andere geowissenschaftliche Daten benötigen. GIS-/Modell-umsetzung

5.7 Fallstudie: Historische Klimatologie und Paläoklima

Die Erklärung der heutigen Klimasituation und ihre Stellung im Laufe der Erdgeschichte ist primär eine Aufgabe der Grundlagenforschung, aber durch die Entwicklungen im Rahmen des Global Change und deren Auswirkungen sind Prognosen und Modelle zukünftiger Entwicklungen, insbesondere auch die Auswirkungen menschlicher Aktivitäten, aktuelle Fragestellungen der Klimatologie. Historische Daten als Grundlage zur Vorhersage

Für die Deutung und Fortschreibung der klimatischen Situation sind einerseits numerische Daten der meteorologischen Gegebenheiten erfor-

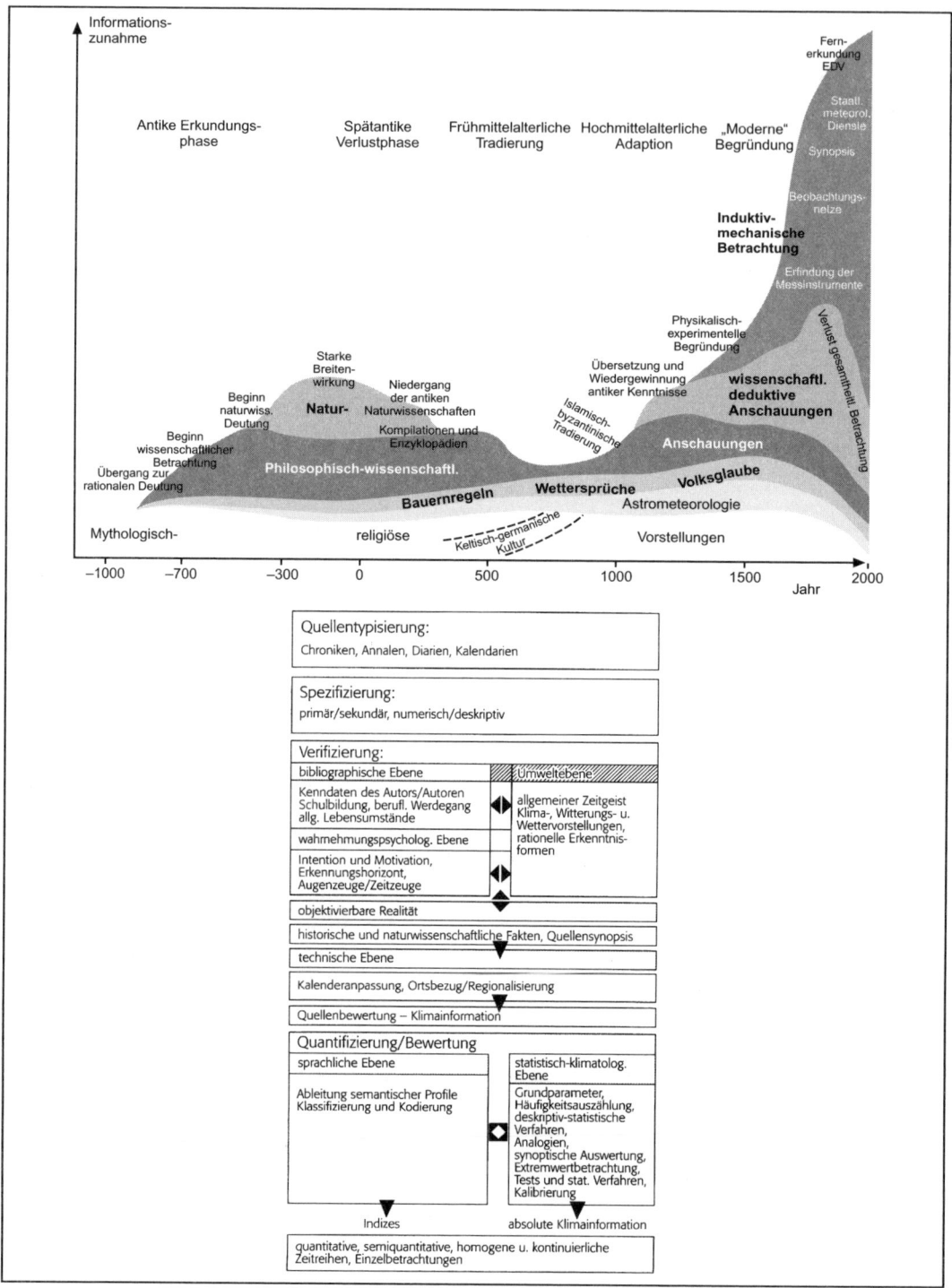

Abb. 5.14: Zeitgeist und Klima in den vergangenen Jahrhunderten und quellenkritisches Ablaufschema (GLASER 2001, S. 30f.).

derlich und andererseits auch Beobachtungszeitreihen, um heute auftretende, kurzfristige meteorologische Vorgänge in den langjährigen Klimagang einordnen zu können. Messungen der meteorologischen Daten im numerischen System und somit für Modellierungen quantifizierbare Daten stehen erst seit wenigen Jahrzehnten zur Verfügung. Daher müssen Daten aus historischen und geologischen Zeiten aus Aufzeichnungen und geologisch-paläontologischen Zeugen abgeleitet werden.

Für die historische Klimatologie werden deskriptive und instrumentelle Witterungsangaben sowie bildliche und plastische Darstellungen herangezogen, wobei aber in einer quellenkritischen Betrachtung Zeitgeist und Kenntnisstand der jeweiligen Epoche zu berücksichtigen sind.

Zusätzlich werden indirekte Klimazeugen über **Proxy-Daten** ermittelt. Proxis (Stellvertreter) beschreiben Ereignisse wie Weinlese, Witterungsverlauf und Getreideernte, Regen und Heuernte oder dokumentieren wie Wachstumsringe an Bäumen den jeweiligen Witterungsverlauf. Es wird davon ausgegangen, dass die durch statistische Verfahren ermittelten heutigen, den Ereignissen zugeordneten Klimadaten auch in den vergangenen Epochen zutrafen.

Quantifizierung historischer Aufzeichnungen

Fallbeispiel: **Quantifizierung historischer Daten**

Glaser (2001) setzt durch sprachliche Differenzierung Aufzeichnungen unter Verwendung von Proxy-Daten in Indexwerte um, die in Dezennien und saisonale Indexwerte überführt und gewichtet werden, um dann mittels statistischer Verfahren wie Filterung, Häufigkeit und Zeitreihen mit absoluten Klimawerten korreliert zu werden. Eine Zeitreihe von 1951–1980 liefert über eine lineare Korrelation eine Kalibrierung, so dass quantifizierbare Klimadaten für den Zeitraum 1000–2000 gewonnen werden. Zusätzlich entwickelt Jacobeit et al. (1999) Luftdruckverteilungen für Extremwettersituationen des 16. Jahrhunderts.

A. Biologische Klimazeugen (fossile Pflanzen und Tiere)

a) Fossilien mit enger systematischer Verwandtschaft zu heutigen Arten (besonders in der jüngsten Erdgeschichte; Beispiele: Ren und Moschusochse im Quartär, Palmen im Tertiär, Pollenanalyse);

b) Fossilien mit besonderen ökologischen oder physiologischen Eigentümlichkeiten (Größe und Färbung der Tiere, Träufelspitze bei Blättern, Riffbildung, Jahresringe).

B. Lithogenetische Klimazeugen

a) Verwitterungsvorgänge (Laterit, Verkieselung);

b) Sedimente als mineralogisch-petrographische Bildungen (Kalkstein, Salze, Moräne);

c) Besondere Sedimentationserscheinungen (Schichtung, Rippeln, Löss-Verbreitung).

C. Morphologische Klimazeugen (Inselberge, Flussterrassen, Kare, Oser).

Abb. 5.15: Klimazeugen aus der Erdgeschichte (nach Schwarzbach 1974, S. 21).

Fallbeispiel: **Quantifizierung erdgeschichtlicher Daten**

Paläoklimaforschung hat an der Schnittstelle von Klimatologie mit Geologie – Paläontologie – Geomorphologie eine lange Tradition (SCHWARZBACH 1974). Die aus den unterschiedlichsten geowissenschaftlichen und biologischen Teildisziplinen stammenden **Klimazeugen** bieten nur indirekte Daten und werden so ausgewertet, dass sie mit heutigen Erscheinungen verglichen werden und daraus dann auf frühere Klimabedingungen geschlossen wird.

Die ersten Auswertungen zeigten zwar die Tendenzen, erlaubten aber noch keine engen Zuordnungen und Quantifizierungen (SCHWARZBACH 1974). Durch die Erweiterung der Archive und der Proxy-Daten (HUCH et al. 2001) werden hochauflösende Klimadaten gewonnen.

Klima-Archiv Eis

Fallbeispiel: **Eisbohrkern**

Eisbohrkerne aus antarktischen Tiefbohrungen werden mit den Sauerstoffisotopen datiert und mittels dem **Sauerstoffisotop ^{18}O** und dem Wasserstoffisotop **Deuterium ^{2}H** erfolgt eine Paläotemperaturbestimmung. Für Modellierungen wird die **Zusammensetzung der Atmosphäre** zu den damaligen thermischen Bedingungen ermittelt. Bestimmt werden im Eiskern die Gehalte an CO_2, Methan (CH_4) und Spurengase, sowie ^{14}C, ^{10}Be, Staubeinschlüsse und vulkanische Aschen.

Der δ ^{18}O-Anteil des Eises lässt sich mit den Tiefseebohrkernen korrelieren und ergibt somit eine zeitliche Einordnung.

Im Eisbohrkern ist wegen der Fraktionierung der ^{18}O-Anteil zwar 30 % niedriger als im Meereswasser, weist aber Schwankungsbreiten auf, die im Vergleich mit unterschiedlichen Eisbohrungen und rezenten Antarktistemperaturen als Temperaturschwankungen während der Schneebildung eingeordnet und als maximale Temperaturdifferenz von 10°C kalibriert werden.

Der **Deuteriumgehalt** schwankt in den Eiskernen und aus Schwankungen des Deuteriumgehaltes im rezenten Schneefall bei unterschiedlichen Temperaturen in der Ostantarktis werden Schwankungsbreiten der Temperatur ermittelt. Diese Werte stimmen weitestgehend mit Temperaturbestimmungen über die Sauerstoffisotopen überein.

Beryllium-10 ist ein Radionuklid, das sich durch die kosmischen Strahlen aus Stickstoff und Sauerstoff bildet und mit unterschiedlichen Werten im Eiskern enthalten ist. Hohe Werte finden sich in den Kaltzeiten, niedrige Werte in den Warmzeiten. Die CO_2- und CH_4-Gehalte variieren und korrelieren mit der Temperaturkurve.

Die Bestimmung von Kohlenstoff- und Wasserstoffisotopen ist bereits dargelegt worden, die Analyse von ^{10}Be erfolgt mit einem Teilchenbeschleuniger.

Teilchenbeschleuniger (AMS – Accelerator Mass Spectrometer) entsprechen einem Massenspektrometer, wobei eine höhere Beschleunigungsspannung eine höhere Massenauflösung ermöglicht (GEYH 2005, S. 30).

Klima-Archiv Vegetation

Fallbeispiel: **Klimadaten aus der Paläovegetation**

Der **Koexistenzansatz** (UTESCHER/MOSBRUGGER 1997) basiert auf der Annahme, dass tertiäre Pflanzen-Taxa (s. Kap. 6.2) ähnliche Anforderungen wie ihre nächsten lebenden Verwandten haben.

Klima-Archive	Biostratigraphie	Warvenchronologie	Dendrochronologie	Tephrochronologie	Radiometrische Daten	Sauerstoffisotopendatei (Zeitreihenanalysen)	Magnetostratigraphie	Luminizenz
marin								
Meeressedimente	x				x	x	x	
Fossilien	x					x	x	
Korallenriffe	x					x	x	
Evaporite						x	x	
terrestrisch								
Seesedimente (Warven)	x	x		x	x	x		x
(Paläo-)Böden					x	x	x	x
Flusssedimente								x
Moore				x				
Höhlensedimente, -sinter		x			x	x		
Holz (Baumringe)			x		x			
Kryosphäre								
Festlandeis (Eisbohrkerne)					x	x		
Schelfeis					(x)	x		
alpine Gletscher					x	x		

geochemische und biogeochemische Proxy-Daten	mineralogische Proxy-Daten	physikalische Proxy-Daten	biologische und sedimentologische Proxy-Daten
stabile Isotope von O und C TOC (Gehalt an organischem Kohlenstoff) biogenes Si S-, N-, Karbonat-Gehalte biogenes Ba organische Thermometer (Biomarker) Gaseinschlüsse in Eis Spuren- und Nebenelement-Konzentrationen	Anteile klimatypischer Minerale (z.B. Salze, Bauxit)	Paläomagnetismus, Gesteinsmagnetismus gesteinsphysikalische Daten	Makro- und Mikrofossilgehalt von Sedimenten Abfolgen und Verteilungen von Mikrofossilien (Foraminiferen, Diatomeen, Ostracoden) Pflanzen- bzw. Pollengesellschaften Zusammensetzung und Dicke von Warven in limnischen und evaporitischen Sedimenten Baumringdicken und -abfolgen

Abb. 5.16: Klima-Archive und Proxy-Daten zur Rekonstruktion von Klimadaten (nach HUCH et al. 2001, S. 9 u. 11).

Methodisches Ziel des Koexistenzansatzes ist es, das klimatische Intervall, in dem alle lebenden nächsten Verwandten der fossilen Flora existieren können, zu finden und daraus Klimaparameter für einen Vorzeitabschnitt abzuleiten. Mittels einer Datenbank über 800 tertiärzeitliche Pflanzen, ihre nächsten heute lebenden Pflanzen und ihre klimatischen Anforderungen werden in einem Rechenverfahren mit dem Koexistenzansatz **zehn Klimaparameter** für den Zeitabschnitt des jüngeren Tertiärs in Mitteleuropa quantifiziert.

Es sind dies: mittlere jährliche Temperatur, Temperatur des wärmsten und kältesten Monats, mittlerer jährlicher Niederschlag, maximaler und minimaler Monatsniederschlag, Niederschlag des wärmsten Monats, Humidität, potenzielle Verdunstung sowie die Relation zwischen Jahresniederschlag und potenzieller Verdunstung.

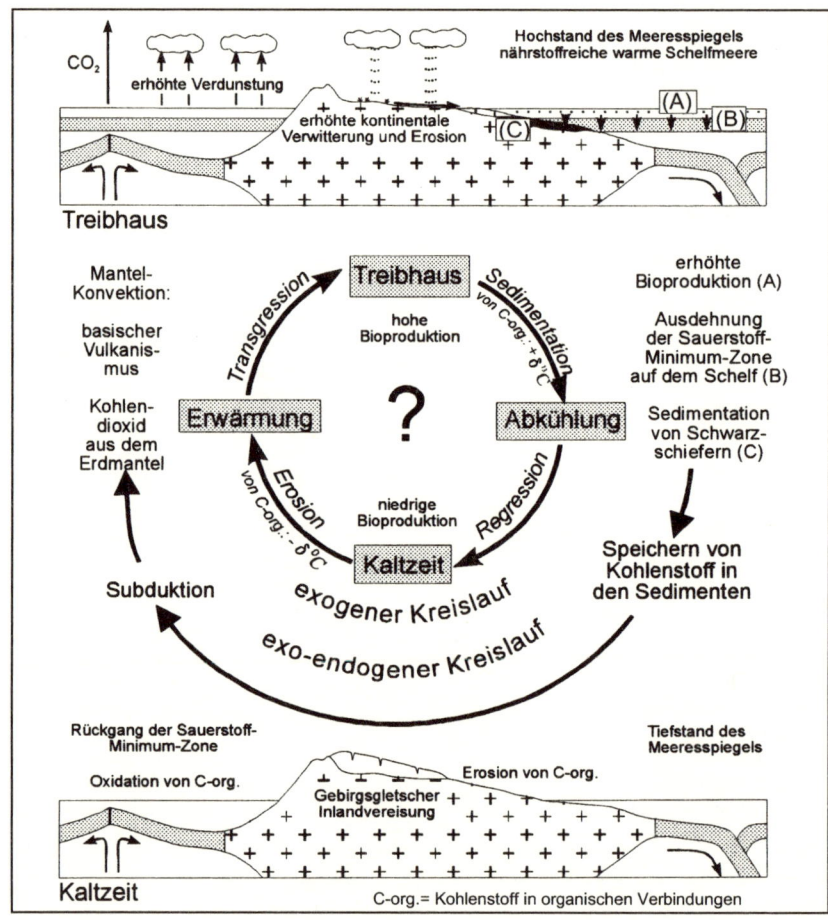

Abb. 5.17: Klimasteuernde Kreisläufe (nach BUGGISCH/WALLISER 2001, S. 41).

5.8 Fallstudie: Klimamodellierungen

Die moderne Satellitentechnologie, die ozeanischen Wetterbojen und die traditionellen meteorologischen Messwerte liefern Datensätze für **numerische Modelle,** die über Großrechner, etwa beim Max-Planck-Institut für Meteorologie (MPIMET) oder beim Potsdam-Institut für Klimafolgenforschung (PIK), zu unterschiedlichen Fragestellungen sowohl global als auch regional eingesetzt werden können.

Aus den Studien zum Klima der Vorzeit sind Korrelationen zwischen Klima und den unterschiedlichsten Geofaktoren bekannt. Wenn auch die kausalen Zusammenhänge zwischen Temperatur und den **Treibhausgasen CO_2 und CH_4** konträr diskutiert werden – bewirken die globalen Temperaturverhältnisse über die Ökosysteme die jeweiligen Gehalte an CO_2 und CH_4, oder aber sind die Gehalte an CO_2 und CH_4 in der Atmosphäre ursächlich in hohem Maße für die Temperaturverhältnisse verantwortlich? –, so geht doch die aus den Eiskernen ersichtliche enge Korrelation während des jüngeren Quartärs in einige Modelle ein, die die globale Erwärmung mit dem aus fossilen Brennstoffen freigesetzten und auch noch künftig frei werdenden CO_2 korrelieren und zu Prognosen unterschiedlichster Art verwenden (BLOCK et al. 2001, HUCH 2001, MEADOWS et al. 1992, SCHÖNWIESE 1994).

Treibhauseffekt

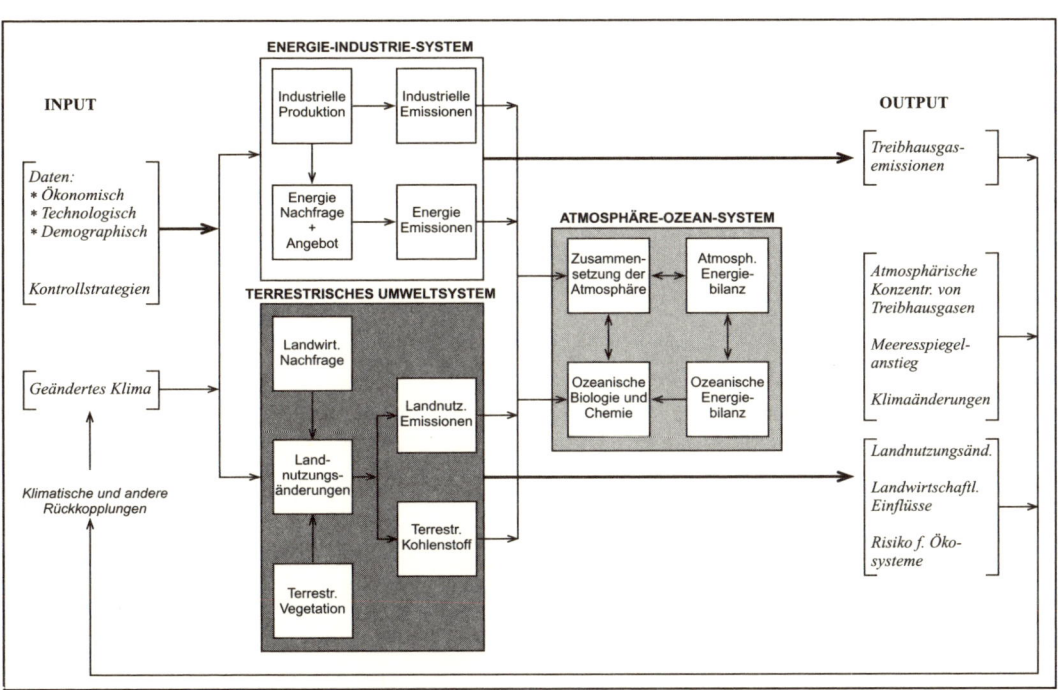

Abb. 5.18: Schematische Darstellung der Submodelle und ihre Verknüpfung bei IMAGE 2 (BLOCK et al. 2001, S. 184).

IMAGE 2 (Integrated Model to Assess the Greenhouse Effect) ist ein Modell, das sich als politische Entscheidungshilfe im Zeitalter von Global Change verstehen will. Es wurde mit Datensätzen aus den Jahren 1970–1990 kalibriert und versucht über drei Submodule (Energie-Industrie-System, terrestrisches Umwelt-System, Atmosphäre-Ozean-System) die Ausgangspunkte des anthropogenen Treibhauseffekts zu erfassen. Zielsetzung ist, keine wissenschaftlichen Tatsachen zu schaffen, sondern mit den Ergebnissen des Modells neue Wege der Forschung für mögliche Klimaänderungsstrukturen aufzuzeigen (ALCAMO 1994, BLOCK et al. 2001).

6 Vegetationsgeographie

6.1 Aufgaben und Ziele

Die Vegetation weist eine natürliche räumliche Ordnung auf, die sich einerseits im Laufe der Erdgeschichte (Trennung der Kontinente infolge der Plattenbewegungen, Reduzierung der Arten durch die quartären Klimaschwankungen) und andererseits rezent aus der Verknüpfung mit räumlichen Standortfaktoren ergeben hat und die durch den wirtschaftenden Menschen eine Überprägung zur Kulturlandschaft erfahren hat. Diese geographischen Komponenten überschneiden sich mit den Teilgebieten Ökologie sowie Evolution und Systematik der Botanik.

Die Arbeitsrichtungen der Vegetationsgeographie sind **floristische Pflanzengeographie oder Arealkunde**, **Pflanzensoziologie**, **ökologische Pflanzengeographie**, **historisch-genetische Pflanzengeographie und chorologische Pflanzengeographie** und greifen daher auf Methoden der Botanik zurück, die je nach Fragestellung mit Methoden der anderen Teilgebiete der Physischen und teilweise der Humangeographie kombiniert werden (KLINK 1996, REICHELT/WILMANNS 1973, SCHMITHÜSEN 1968, STRASBURGER 2002, WALTER 1973a).

Forschungsbereiche

6.2 Fallstudie: Pflanzensystematik und Bestimmung

Für alle Teilbereiche der Vegetationsgeographie ist die Vertrautheit mit der Pflanzenwelt und ihrer Systematik eine unabdingbare Voraussetzung. Neben den bereits zitierten Lehrbüchern gibt es Fachwörterbücher (LAUNERT 1998, SCHUBERT/WAGNER 2000).

Die Einzelpflanze ist der Grundbestandteil der Vegetation, ihre verschiedenen, aus der Entwicklung der Pflanzenwelt entstandenen Erscheinungsformen werden zu **Gruppen** zusammengefasst.

Für systematische Einordnungen ist die **Art** (Spezies) die Grundeinheit. Sie umfasst alle Individuen, die sich untereinander in allen wesentlichen, erblich konstanten Merkmalen gleichen und sich in diesen von anderen, nächstverwandten Arten unterscheiden. Eine Art kann nur durch Vergleich mit einer anderen erfasst und abgegrenzt werden. Nach dem Grad ihrer Verwandtschaft werden Arten zu Sippeneinheiten geordnet, die als **Taxa** (Singular: Taxon) bezeichnet werden. Das **taxonomische System** fasst Arten, die sich durch gemeinsame Merkmale von anderen unterscheiden, zur **Gattung** zusammen. Gattungen, die sich wiederum in charakteristischen Merkmalen gleichen, bilden eine **Familie.** Mehrere Familien werden zu **Ordnungen**, diese wiederum zu **Abteilungen** und diese zu **Reihen,** dem höchsten Rang im System, zusammengefasst.

Systematische Einordnung

Für die **Bestimmung von Pflanzen** sind Exkursionsführer, Bildatlanten und Monografien zur systematische Bearbeitung einzelner Gattungen und

Grundlage Literatur

Vegetationsgeographie

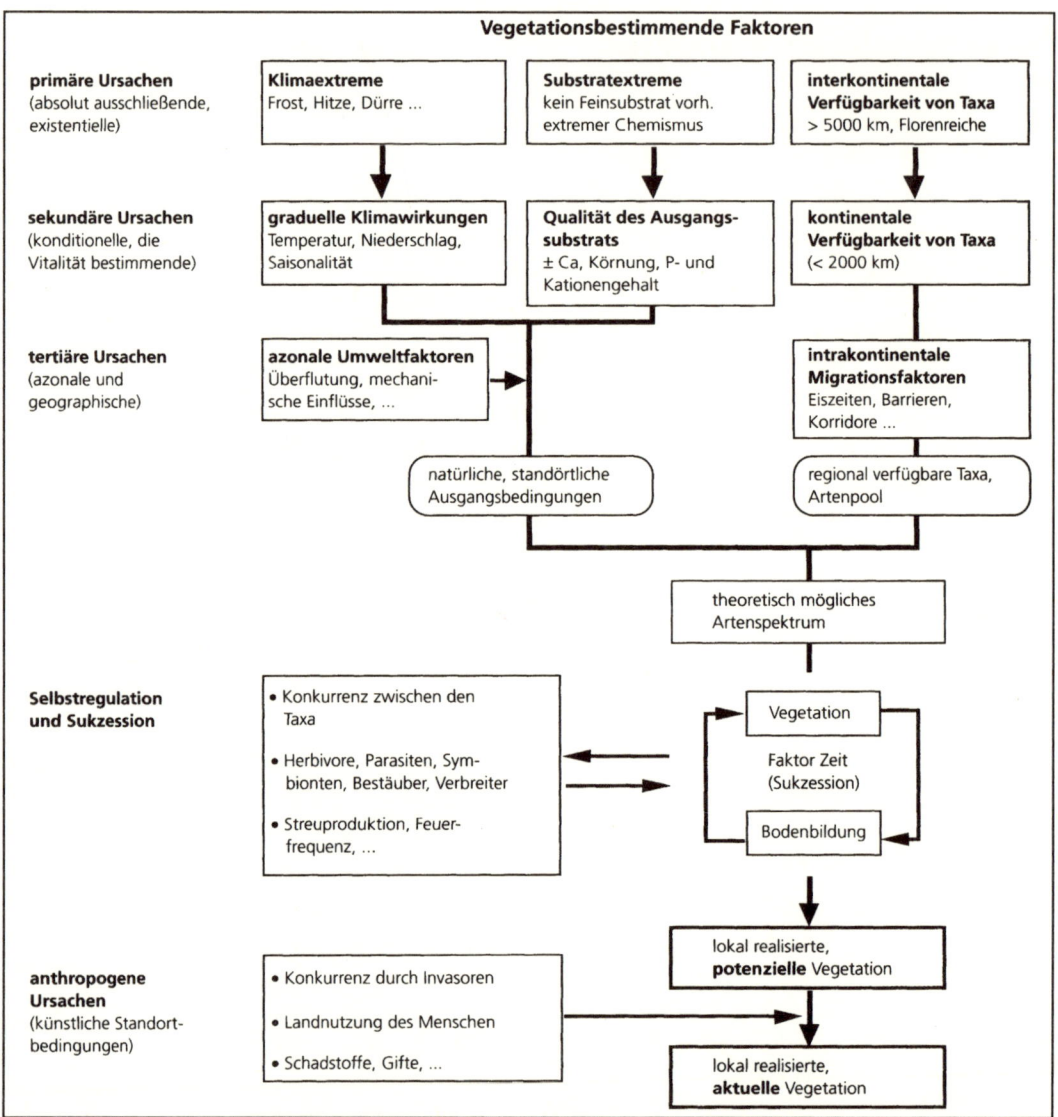

Abb. 6.1: Schema der die Vegetation bestimmenden Faktoren zur Entstehung von Pflanzengemeinschaften (nach Strasburger 2002, S. 962).

Floren des Pflanzenbestandes eines Gebietes gut geeignet, da sie Beschreibungen, Fotos und zum Teil auch Bestimmungsschlüssel enthalten (Bärtels 1996, 2003; Franke 1994, 1995; Grandjot 1991, Haeupler/Muer 2000, Hilbig et al. 2001, Oberdorfer 1990, Rikli 1948, Schönfelder/Schönfelder 1994).

Für eine **systematische Bestimmung** der Flora von Deutschland ist Schmeil-Fitschen (2003) umfassend. Das Buch setzt botanische Kenntnisse zum Erscheinungsbild von Wurzeln, Sprossachsen, Blättern, Blüten und Früchten voraus und führt über ein Tabellensystem von der Bestimmung

Thallophyta – Körper, nicht in bestimmte
Organe differenziert, bildet ein Lager (Thallus):

Spaltpflanzen
Bacteria (Spaltpilze)
Cyanophyceen (blaugrüne Algen)

Algen
Flagellatae (Geißelalgen)
Diatomeae (Kieselalgen)
Conjugatae (Jochalgen)
Chlorophyceae (Grünalgen)
Characeae (Armleuchteralgen)
Phaeophyceae (Braunalgen)
Rhodophyceae (Rotalgen)

Pilze
Myxomycetes (Schleimpilze)
Archimycetes (Urpilze)
Phycomycetes (Algenpilze)
Eumycetes (Höhere Pilze)

Flechten
Lichinies (Symbiose Pilz + Alge)

Cormophyta – Körper in Organe (Wurzel,
Stängel und Blätter) differenziert (Moose
noch ohne Wurzeln):

Moose (Bryophyta)
Hepaticae (Lebermoose)
Musci (Laubmoose)

Gefäßkryptogamen (Pteridophyta)
Lycopodinae (Bärlapp)
Equisetinae (Schachtelhalme)
Filicinae (Farne)

Samenpflanzen (Spermatophyta)
Gymospermophytinae (Nacktsamer)
Angospermophytinae (Bedecktsamer,
Blütenpflanzen)

Abb. 6.2: Hauptgruppen der Pflanzenwelt (SCHMIDT 1969, S. 30).

Taxonomische Rangstufen (deutsch, lateinisch, Abk.)	Übliche Endungen	Taxonomische Einheiten (Beispiele, Synonyme)
Reich (regnum)		Eucarya
Unterreich (subregnum)	-bionta	Chlorobionta
Abteilung bzw. Stamm (divisio bzw. phylum)	-phyta, -mycota	Streptophyta
Unterabteilung (subphylum)	-phytina, mycotina	Spermatophytina
Klasse (classis)	-phyceae, -mycetes bzw. -opsida (oder -atae)	Magnoliopsida
Unterklasse (subclassis)	-idae	Rosidae
Überordnung (superordo)	-anae	–
Ordnung (ordo)	-ales	Asterales
Familie (familia)	-aceae	Asteraceae (= Compositae)
Unterfamilie (subfamilia)	-oideae	Asteroideae
Tribus (tribus)	-eae	Anthemideae
Gattung (genus)		*Achillea*
Sektion (sectio, sect.)		*Achillea* sect. *Achillea*
Serie (series, ser.)		–
[Aggregat (agg.)]		*Achillea millefolium* agg.
Art (species, spec. bzw. sp.)		*Achillea millefolium*
Unterart (subspecies, subsp. bzw. ssp.)		*A. m.* subsp. *sudetica*
Varietät (varietas, var.)		–
Form (forma, f.)		*A. m.* subsp. *s.* f. *rosea*

Abb. 6.3: Taxonomische Rangstufen, ihre normierten Endungen sowie taxonomische
Einheiten am Beispiel der Gewöhnlichen Schafgarbe (*Achillea millefolium*
L.) (STRASBURGER 2002, S. 581).

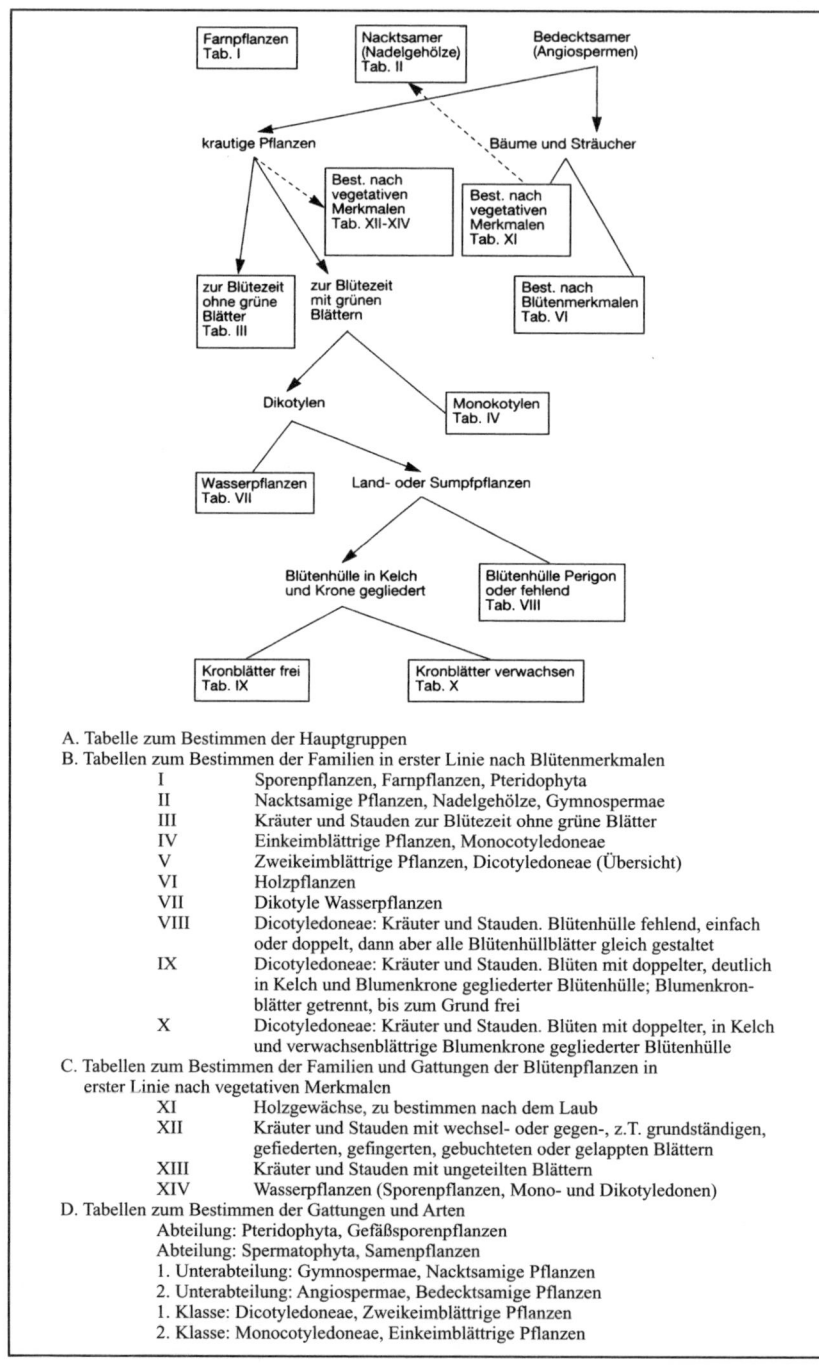

A. Tabelle zum Bestimmen der Hauptgruppen
B. Tabellen zum Bestimmen der Familien in erster Linie nach Blütenmerkmalen

I	Sporenpflanzen, Farnpflanzen, Pteridophyta
II	Nacktsamige Pflanzen, Nadelgehölze, Gymnospermae
III	Kräuter und Stauden zur Blütezeit ohne grüne Blätter
IV	Einkeimblättrige Pflanzen, Monocotyledoneae
V	Zweikeimblättrige Pflanzen, Dicotyledoneae (Übersicht)
VI	Holzpflanzen
VII	Dikotyle Wasserpflanzen
VIII	Dicotyledoneae: Kräuter und Stauden. Blütenhülle fehlend, einfach oder doppelt, dann aber alle Blütenhüllblätter gleich gestaltet
IX	Dicotyledoneae: Kräuter und Stauden. Blüten mit doppelter, deutlich in Kelch und Blumenkrone gegliederter Blütenhülle; Blumenkronblätter getrennt, bis zum Grund frei
X	Dicotyledoneae: Kräuter und Stauden. Blüten mit doppelter, in Kelch und verwachsenblättrige Blumenkrone gegliederter Blütenhülle

C. Tabellen zum Bestimmen der Familien und Gattungen der Blütenpflanzen in erster Linie nach vegetativen Merkmalen

XI	Holzgewächse, zu bestimmen nach dem Laub
XII	Kräuter und Stauden mit wechsel- oder gegen-, z.T. grundständigen, gefiederten, gefingerten, gebuchteten oder gelappten Blättern
XIII	Kräuter und Stauden mit ungeteilten Blättern
XIV	Wasserpflanzen (Sporenpflanzen, Mono- und Dikotyledonen)

D. Tabellen zum Bestimmen der Gattungen und Arten

Abteilung: Pteridophyta, Gefäßsporenpflanzen
Abteilung: Spermatophyta, Samenpflanzen
1. Unterabteilung: Gymnospermae, Nacktsamige Pflanzen
2. Unterabteilung: Angiospermae, Bedecksamige Pflanzen
1. Klasse: Dicotyledoneae, Zweikeimblättrige Pflanzen
2. Klasse: Monocotyledoneae, Einkeimblättrige Pflanzen

Abb. 6.4: Tabellenschlüssel zur Pflanzenbestimmung (nach SCHMEIL-FITSCHEN 2003, S. IX–XII).

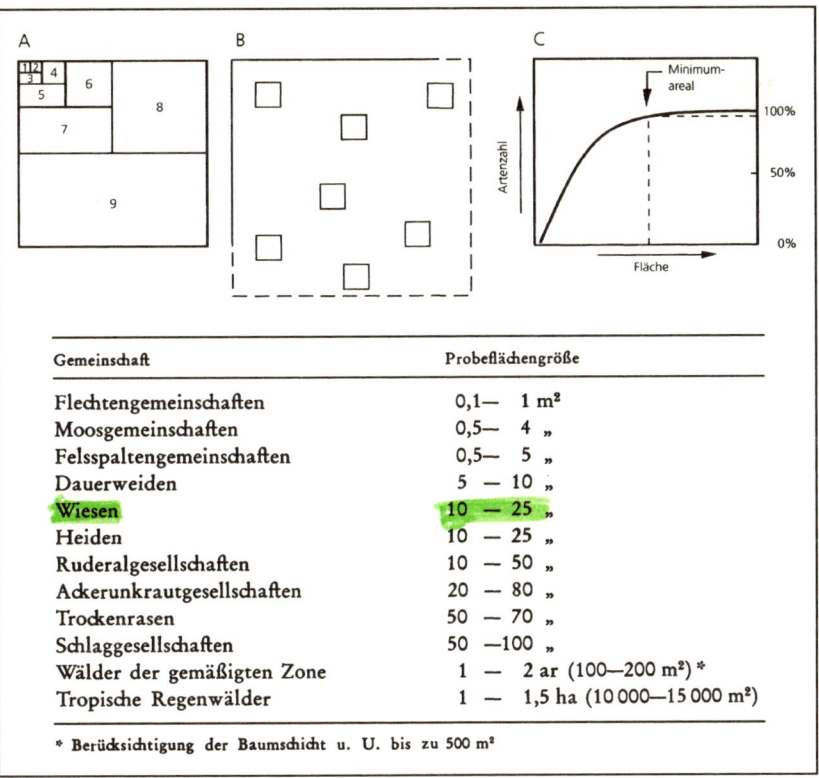

Gemeinschaft	Probeflächengröße
Flechtengemeinschaften	0,1— 1 m²
Moosgemeinschaften	0,5— 4 „
Felsspaltengemeinschaften	0,5— 5 „
Dauerweiden	5 — 10 „
Wiesen	10 — 25 „
Heiden	10 — 25 „
Ruderalgesellschaften	10 — 50 „
Ackerunkrautgesellschaften	20 — 80 „
Trockenrasen	50 — 70 „
Schlaggesellschaften	50 —100 „
Wälder der gemäßigten Zone	1 — 2 ar (100—200 m²) *
Tropische Regenwälder	1 — 1,5 ha (10 000—15 000 m²)

* Berücksichtigung der Baumschicht u. U. bis zu 500 m²

Abb. 6.5: Minimumareal – A = Einflächenmethode, B = Mehrflächenmethode, C = Sättigungskurve (STRASBURGER 2001, S. 988). Zweckmäßige Größe der Aufnahmeflächen (REICHELT/WILMANNS 1973, S. 62).

der Hauptgruppen bis hin zur einzelnen Pflanze mit einer Beschreibung der individuellen Ausprägung.

Vegetationseinheiten werden durch die Aufnahme von Pflanzengesellschaften mit allen makroskopisch sichtbaren Arten an einem Standort nach der Methode BRAUN-BLANQUET (1964) ermittelt.

Es werden **Aufnahmeflächen** ausgewählt, die in ihrer Struktur, Artenzusammensetzung und den prägenden Standortfaktoren weitgehend gleichartig sein sollen. Bei der Einflächenmethode wird zuerst eine kleine Fläche (10 x 10 cm) abgegrenzt und alle vorhandenen Arten bestimmt. Danach wird die Fläche verdoppelt, vervierfacht, verachtfacht usw., bis keine neuen Arten mehr auftreten. Bei der Mehrflächenmethode werden von jeder Flächengröße mehrere getrennte Flächen aufgenommen. Diejenige Probefläche, bei der ein Anstieg der Artenzahl bezogen auf den Flächenzuwachs merklich abfällt, wird als **Minimumareal** bezeichnet. Die Aufnahmeflächengrößen variieren je nach der Pflanzengemeinschaft. Für die Aufnahme werden in einem **Protokoll** alle Daten zur Lokalität festgehalten.

Die **abiotischen Standortfaktoren** werden mit den bereits dargelegten Methoden zu Relief – oberflächennaher Untergrund – Böden – Geländeklima bestimmt. Die im Aufnahmeprotokoll geforderten differenzierenden

Braun-Blanquet-Methode

quasi homogen

Daten zur Lokalität

Zu einer vollständigen Aufnahme gehören:

1. Datum, Bezeichnung der Lokalität nebst Höhenangabe, Exposition, Bodenneigung, geologischer Unterlage. Die Aufnahmestelle wird mit Vorteil auf einer Detailkarte mit Nummer eingetragen.

2. Nähere Standortskennzeichnung, Größe der Aufnahmefläche (und des homogenen Einzelbestandes). Bodenprofil oder wenigstens Bodentiefe, Bodenfeuchtigkeit. Grundwasserstand, Wurzelverhältnisse. Proben zur chemischen und physikalischen Untersuchung werden mitgenommen.

3. Menschliche Beeinflussung, deren Dauer und Wirkung. Bearbeitung, Düngung, Mahd, Bewässerung, Beweidung, Brand. Schlag usw. Sichtbare Regen-, Wind-, Schnee-, Frost-, Dürrewirkung. Allgemeine Feuchtigkeitsverhältnisse.

4. Deckungsgrad und Höhe der verschiedenen Vegetationsschichten; bei Waldgesellschaften Alter und Höhe der Bäume, Beastungshöhe, mittlerer Stammdurchmesser, forstliche Bonität und, wo angezeigt, Alter der Holzpflanzen. Vorkommen und Verteilung abhängiger Gesellschaffen (Epiphyten).

5. Artenliste nach Schichten getrennt. Mengen- und Deckungszahlen (kombiniert), Soziabilität und Vitalität der Arten. Ihr jahreszeitlicher Entwicklungszustand (gekeimt, blütenlos, blühend. Fruchtend, steril). Bei Detailaufnahmen zu besonderen Zwecken (Forst-, Grünlandwirtschaft. Unkrautgesellschaften) können weitere Strukturverhältnisse in Betracht kommen. Unbekannte oder kritische Pflanzen werden zur Kontrolle der Bestimmungen gesammelt.

Es ist nicht immer möglich, die Aufnahmen regelrecht durchzuführen. Unbedingt notwendig sind aber die allgemeinen Standortsangaben, die vollständige Artenliste nebst Abundanz-, Dominanz- und Soziabilitätszahlen, sowie Angabe der leicht fassbaren ökologischen Verhältnisse, insbesondere des Bodenzustandes und der anthropo-zooischen Beeinflussung.

Abb. 6.6: Aufnahmeprotokoll (nach BRAUN-BLANQUET 1964, S. 29).

Aussagen zur Vegetation werden durch Klassifizierungen und Schätzungen bestimmt.

Die **Gesellschaftsmerkmale** quantitativer Natur sind: Individuenzahl (Abundanz) und Dichtigkeit; Deckungsgrad, Raum und Gewicht (Dominanz); Häufungsweise (Sozialität) und Verteilung; Frequenz. Qualitative Merkmale sind: Schichtung, Gedeihen (Vitalität und Fertilität) sowie Periodizität.

Individuenzahl und Dichtigkeit der Arten: Die Abundanzbestimmung gibt Auskunft über die Häufigkeit, die Dichtigkeit über den mittleren Abstand der Individuen einer Art. Die Dichtigkeit kann über recht arbeitsaufwendige Verfahren (Punktmethode, Kreisflächenmethode) in statistischer Absicherung ermittelt werden, in der Regel erfolgen Einschätzungen oder es wird aber an Stelle der Dichtigkeit der Deckungsgrad der Arten bestimmt.

Der **Deckungsgrad** ist die vertikale Projektion aller oberirdischen Teile einer Pflanze auf die Probefläche, dargestellt als Prozentwert der Gesamtfläche.

- sehr locker
- locker
- dicht
- sehr dicht
- Geschlossene Vegetation: Hohe Gesamtdeckung, alle Pflanzen dicht aneinander grenzend, sich teilweise überlappend.
- Offene Vegetation: Geringere Gesamtdeckung, aber höher als der Anteil freier Flächen. Pflanzen nur teilweise dicht aneinander grenzend oder allgemein lockerer verteilt.
- Spärliche (diffuse) Vegetation: Pflanzen sehr locker verteilt, Freiflächen überwiegend.

Abb. 6.7: Einschätzungen zur Bestandsdichte und Deckungsgrad (nach DIERSCHKE 1994, S. 132).

r   – rar; ein oder wenige Individuen oder oberirdische Triebe, Deckung < 1% (in manchen Tabellen auch „–“; bei Computer-Ausdrucken einem „R“ vorzuziehen);

+   – (sprich: Kreuz) spärlich; Deckung > 1 < 5%, 2–5 Individuen oder Triebe;

1   – reichlich; 6–50 Individuen oder Triebe, mit sehr geringer Deckung, oder weniger reichlich, aber mit hoher Deckung (in jedem Fall jedoch < 5% Deckung innerhalb der Probefläche);

2   – sehr reichlich; > 50 Individuen und < 5% Deckung oder 5–25% Deckung innerhalb der Probefläche;

2m – sehr reichlich (> 50 Individuen); Deckung < 5%

2a – > 5 = 12,5% Deckung, Individuenzahl beliebig;

2b – > 12,5 = 25% Deckung, Individuenzahl beliebig;

3   – > 25 = 50% Deckung, Individuenzahl beliebig;

4   – > 50 = 75% Deckung, Individuenzahl beliebig;

5   – > 75% Deckung, Individuenzahl beliebig.

Abundanzangaben sind besonders zweckmäßig in lückigen Pflanzenbeständen (auf Pionierstandorten); eine Erfassung des Deckungsgrades erlaubt dagegen unter anderem Rückschlüsse auf die „relative“ Konkurrenzkraft einer Art, besonders in geschlossenen Beständen.

Bereits innerhalb einer Schicht kann die Summe der Deckungswerte verschiedener Arten in einer Vegetationsaufnahme 100% übersteigen, da sich die Blätter überlagern können. Dies ist umso wahrscheinlicher, je vielschichtiger ein Bestand aufgebaut ist.

Abb. 6.8: Schätzungsintervalle zur Ermittlung des Deckungsgrades (nach DIERßEN 1990, S. 28).

Soziabilität: Dieser Wert kennzeichnet die horizontale Verteilung von Pflanzen in einem Bestand.

1. Einzeln wachsend und mehr oder weniger gleichmäßig verteilt;
2. in kleinen Gruppen weniger Individuen auftretend, mit lockeren Ausläufern oder in kleineren Horsten (Sandsegge *(Carex arenaria)*; Silbergras *(Corynephorus canescenzs)* auf noch nicht festgelegten Flugsanden);
3. Flecken oder große Horste bildend (Steife Segge *(Carex elata)* oder Stengelloses Leimkraut *(Silene acaulis)*);
4. ausgedehnte Flecken, Decken oder Matten aufbauend (Gold-Nessel *(Lamiastrum galeobdolon)* oder Bingelkraut *(Mercurialis perennis)*, auf basenreichen Böden in Buchenwäldern);
5. ausgedehnte Decken oder Bestände bildend, die eine Probefläche mehr oder minder ausfüllen (etwa Torfmoose im geschlossenen Rasen).

In Tabellen wird der Soziabilitätswert dem Wert der Artmächtigkeit angefügt (bei r und + ab Soziabilität 2, da im Normalfall 1 zu unterstellen ist), bei zwei aufeinander treffenden Ziffern wird ein Punkt hinter dem Abundanzwert eingefügt. Lichte Bestände hoher Soziabilität (4 und 5) lassen ein Keimen konkurrierender Arten zu, im Gegensatz zu dichten Sprosskolonien einer dominanten Art.

Abb. 6.9: Schätzwerte zur Ermittlung der Soziabilität nach Braun-Blanquet (vgl. Dierßen 1990, S. 29).

Vitalität: Dieser Wert kennzeichnet das Durchsetzungsvermögen einzelner Arten in einem Bestand, das „relative Gedeihen" wird abgeschätzt.

● – generativ und vegetativ gut entwickelt, den Lebenszyklus im Bestand vollständig durchlaufend;

⊙ – gut entwickelt, aber nur zur vegetativen Vermehrung fähig;

○ – schwächer entwickelt, mit eingeschränkter vegetativer Vermehrung; gelegentlich keimend, aber nicht zur vegetativen Vermehrung fähig;

† – abgestorben.

Abb. 6.10: Skalierung der Schätzwerte zur Ermittlung der Vitalität nach Braun-Blanquet (Dierßen 1990, S. 30).

Schichtung: Die Wuchshöhe bzw. die Wurzeltiefe ist das Abgrenzungskriterium.

T	(tree) – (B) Baumschicht	– Bestand ab 5 m Höhe
S	(shrub) – (S) Strauchschicht	– Gehölze unter 5 m Höhe
H	(herb) – (K) Krautschicht	– 0,5–1,5 m Schicht von Kräutern, Gräsern und Zwergsträuchern
M	(moss) – (M, Kr) Kryptogamenschicht	– Moose, Flechten, Pilze, Algen
R	(root) – (W) Wurzelschicht	– unterirdischer Bereich aus Wurzeln und abgewandelten Sprossteilen
D	Diasporenschicht	– Schichtung der Diasporen im Boden
O	Organische Auflageschicht	– besonders abgrenzbar ist die Streuschicht, die teilweise durchwurzelt wird und vielen Pilzen als Lebensraum dient
E	Epiphytenschicht	– Epiphyten können den Schichten T, S, H zugeordnet werden, bilden aber oft ein eigenständiges, in sich geschichtetes Element

Abb. 6.11: Bezeichnungen für die Hauptschichten eines Bestandes (nach Dierschke 1994, S. 101).

Periodizität: Diese ist eine wesentliche Größe für den Zeitpunkt von Pflanzenaufnahmen, da die Lebenszyklen eines Bestandes der beteiligten Arten nicht synchron sind.

Gesellschaften	Zeitspanne	
	für Anfänger	für Geübte
A. Wälder		
Wälder mit Frühlingsgeophyten	*E IV—A VI	M IV—A VI
	*E VI—*IX	
Wälder mit spätem Austrieb	E V—IX	E V—X
(z. B. Eichen-Birkenwald, Steppenheidewald)		
B. Grünland und Moore		
Mähwiesen, Mähweiden	kurz vor 1. Schnitt	vor 1., *2. oder
		*3. Schnitt
	E V—M VI	
Dauerweiden	kurz vor 1. Auftrieb	M V—E X
Flachmoore	E V—E VII	E V—Schnitt der
		Streue (VIII—XI)
Zwischen- und Hochmoore	VI—IX	VI—IX
Trockenrasen	VI—VII + A IV	M V—IX + A IV
C. Unkrautgesellschaften		
des Getreides	M VI—Ernte	M VI—Ernte
der Hackfrüchte	M VII—Ernte	M VII—Ernte
der Weinberge	mehrmals zwischen	E III und X
D. Kryptogamengemeinschaften		
Flechten- und Moosgemeinschaften	ganzjährig möglich	
Algengemeinschaften	mehrmals jährlich	
Pilzgemeinschaften	etwa sechsmal jährlich und über mehrer Jahre hin	

Zahlen = Monate; * Nachkontrolle nötig; A Anfang, M Mitte, E Ende

Abb. 6.12: Aufnahmezeiten von verschiedenen Gesellschaften (REICHELT/WILMANNS 1973, S. 60).

Die Bestandsaufnahmen können entweder durch einzelne tabellarische Arbeitsschritte, mit Hilfe von Computerprogrammen oder durch multivariate Statistiken über Computerprogramme ausgewertet werden. **Auswertungsmethode**

Die **tabellarische Auswertung** führt von einer Rohtabelle, in der die Aufnahmen nach Formationstypen vorsortiert sind, über Teiltabellen, in die nur vermutete Trennarten eingetragen und die als diagnostisch wichtig eingeordneten Arten mit abnehmender Stetigkeit in Gruppen zusammengefasst werden.

Trennarten, synonym Differentialarten: Arten, die floristisch nahe stehende Pflanzengemeinschaften durch ihr Vorkommen bzw. Fehlen trennen.

Charakterarten: Arten, die ihren Verbreitungsschwerpunkt in nur einer Gesellschaft haben.

[Handschriftliche Notiz am Rand: Prob.: Verdecklassung anderer struktureller Merkmale d. Vegetation]

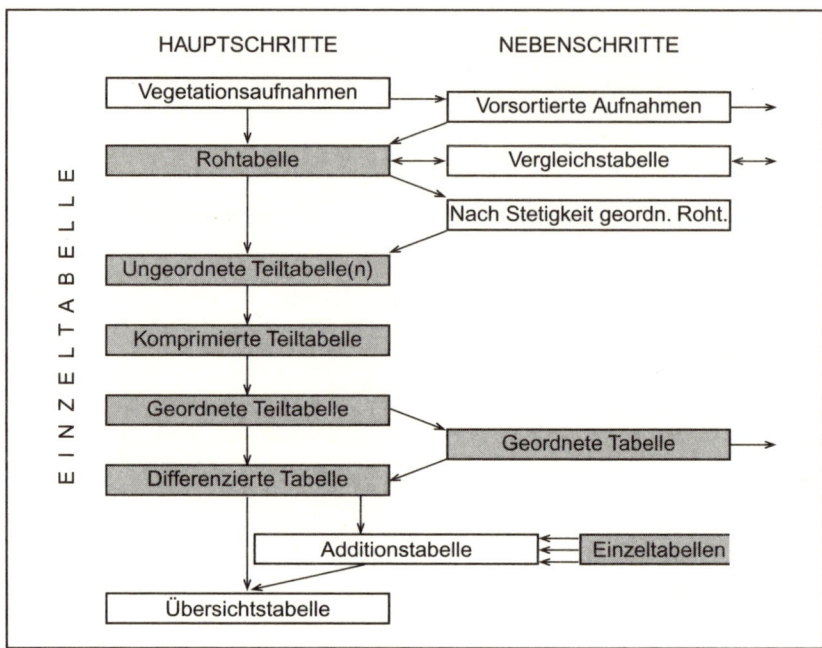

Abb. 6.13: Haupt- und Nebenschritte bei der tabellarischen Auswertung und Ordnung der Aufnahmen (Dierschke 1994, S. 191).

Differentialarten und Charakterarten erlauben das Erkennen eines Vegetationstyps und werden als **Diagnostische Arten** bezeichnet.

Durch Ordnen der Aufnahmen nach floristischer Ähnlichkeit (geordnete Teiltabelle) und durch Addition der jeweils in einer Trenngruppe vorkommenden Arten entsteht eine komprimierte Teiltabelle, die zu einer geordneten und einer differenzierten Tabelle führt.

– Anordnung nach Schichten zur Betonung der Vertikalstruktur (besonders bei Gehölz-Gesellschaften).

– Gruppierung nach Lebensformen, insbesondere Gehölze-Krautige. Innerhalb der Gehölze jeweils Trennung von T, S, H für jede Art.

– Soziologische Gruppen: Kennarten von Assoziationen stehen oben, gefolgt von den Trennarten, den Kennarten höherrangiger Syntaxa und den übrigen Arten. Eventuell Kombination mit der Anordnung nach Schichten.

– Ökologische Gruppen: z. B. Arten gleicher Zeigereigenschaften für bestimmte Standortsbedingungen (Feuchte-, Nährstoffzeiger u. a.).

– Andere Gruppen je nach Fragestellung, z. B. syndynamische Gruppen, Artengruppen gleicher Futterwerte, Störungszeiger, Weidezeiger, Rote Liste-Arten.

Sinnlos ist dagegen eine Artenfolge nach Alphabet oder taxonomischem Rang.

Abb. 6.14: Kriterien für eine differenzierte Tabelle (nach Dierschke 1994, S. 190).

Letztlich wird aus mehreren Einzeltabellen eine Übersichtstabelle erstellt, die die Abgrenzung und den Vergleich von **Vegetationstypen** erlaubt. Beispiele für die tabellarischen Auswertungen finden sich bei DIERßEN 1990 und DIERSCHKE 1994. Die mühsame tabellarische Auswertung kann durch **Computerprogramme** vereinfacht werden. DIERSCHKE verweist auf das **Programm TAB**, das hierbei viele Möglichkeiten bietet.

- Dateneingabe aus Aufnahmen oder zeilenweise aus Tabellen nach formatierten Abkürzungen der Sippennamen (neun Zeichen), zur Erstellung einer Rohtabelle.
- Erstellung eines ausführlichen Tabellenkopfes (Kopfdatei).
- Zeilen- oder blockweises Umsortieren von Arten.
- Sortieren nach Sippenstetigkeiten.
- Sortieren nach Schichten.
- Spalten- oder gruppenweises Umordnen von Aufnahmen.
- Ordnen nach Zahl der Arten einer bestimmten Artengruppe (nach aufsteigender oder fallender Präsenz).
- Ordnung nach Kopfdaten (auch zur Erstellung von Spektren aus Klassen der Kopfdaten.
- Spiegelbildliche Anordnung der Aufnahmen.
- Zusammenfassung oder Aufteilung von Tabellen (beliebige Kombination von Aufnahmen verschiedener Tabellen).
- Erstellen von Tabellen mit Stetigkeitsangaben (Übersichtstabellen) mit verschiedenen Stetigkeitsklassen mit denselben Sortier- und Ordnungsmöglichkeiten wie bei Einzeltabellen.
- Ausdruck der Tabellen oder Teiltabellen mit vollständigen Sippennamen nach einer Referenzdatei (ca. 3500 Gefäßpflanzen, Moose, Flechten Mitteleuropas)
  - mit Datenzahl der Aufnahmen im Kopf,
  - mit Ausgabe von Spannen oder Medianen der Artmengen, (oder beides) als Exponenten,
  - mit Stetigkeiten am rechten Rand,
  - als Tabelle mit absoluter oder prozentualer Stetigkeit oder mit Stetigkeitsklassen,
  - mit veränderbarem Spaltenabstand und Schrifttyp,
  - in graphischer Form.

Abb. 6.15: Möglichkeiten des TAB-Programmes (nach DIERSCHKE 1994, S. 200).

Komplette **Computerauswertungen** mit **multivariaten statistischen Methoden** werden gegenüber dem traditionellen, tabellarischen Vorgehen vorgezogen,

- um Kollektive von Vegetationsaufnahmen nach Ähnlichkeiten aufzugliedern,
- um die Gradientenstruktur und die diese bedingenden ökologischen Faktoren herauszustellen (Ordination),
- um die Wechselbeziehungen zwischen Pflanzenbeständen und Standortfaktoren aufzuklären.

Zum Einsatz kommen Regressionen, Kalibrierungen, Maximum-Likeli-hood-Verfahren, Cluster- und Diskriminanzanalysen (Bahrenberg et al. 2003). Diese multivariaten statistischen Verfahren sind für ökologische Analysen ausführlich behandelt bei Jongmann et al. (1987) und McCune/Grace (2002).

6.3 Fallstudie: Raummuster und Verbreitungsgebiete

Erfassung der räum-lichen Ausdehnung einer Art

Eine Lokalisierung einzelner Pflanzenarten durch Eintrag der Fundorte führt zu dem Verbreitungsgebiet einer Art, das als **Areal** bezeichnet wird. Die Größe der Areale ist unterschiedlich, es gibt global verbreitete Pflanzen **(Kosmopoliten)** und Taxa, die nur auf ein kleines Areal beschränkt sind **(Endemiten).** Aus dem räumlichen Vergleich zahlreicher Areale wurden **Arealtypen** abgeleitet. Die Verteilung der Arealgrenzen ergibt ein Raummuster von Gebieten mit homogener Flora und charakteristischem Artenbestand sowie Grenzgebiete mit starkem Florengefälle und heterogenem Artenbestand. Auf dieser floristischen und arealkundlichen Grundlage werden **Florenreiche** abgeleitet. Für die Grenzziehung wird die Stärke des Florenkontrastes oder das Florengefälle benutzt.

Florenkontrast: Der Unterschied in der floristischen Zusammensetzung zweier Gebiete, ermittelt aus der Summe der Arten, Gattungen und Familien, die in einem Gebiet A vorkommen und im benachbarten Gebiet B nicht, und denen, die im Gebiet B vorkommen und in A fehlen.

Florengefälle: Florenkontrast auf einer 100 km langen Strecke.

Diese Methoden führen zur Ausweisung von sechs Florenreichen im Bereich der Landflora und einer siebten im ozeanischen Bereich.

Geologische und klimatologische Grundlagen

Die plattentektonische Entwicklung mit der zeitlich unterschiedlichen Abtrennung der Kontinente – Trennung der Südkontinente bereits im Jura,

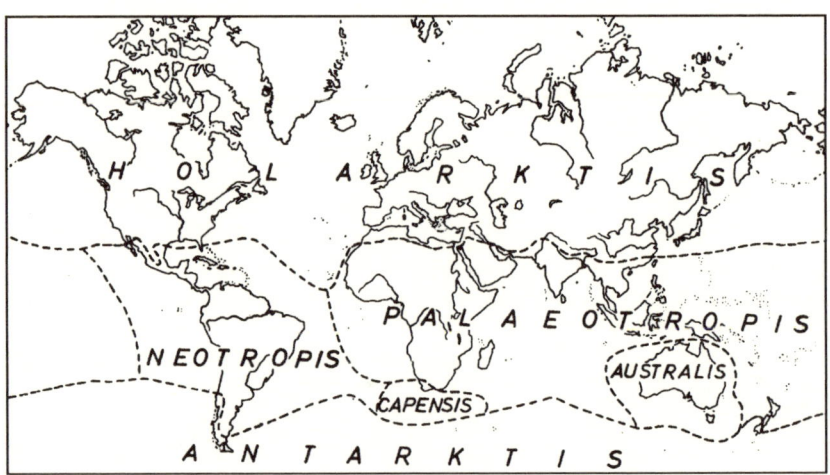

Abb. 6.16: Die Verbreitung der Florenreiche (Walter 1973a, S. 24).

Holarktis, das größte, die gesamte Nordhemisphäre umspannende Florenreich mit der arktischen, borealen, temperaten, submeridionalen und meridionalen Florenzone: Pinaceae, Betulaceae, Fagaceae, Salicaceae und mehrheitlich Ranunculaceae und Rosaceae;

Neotropis, das subtropisch-tropische Amerika: Bromeliaceae (Tillandsia), Cactaceae und das Mannigfaltigkeitszentrum der Solanaceae (Solaranum);

Paläotropis, das subtropisch-tropische Afrika und Asien samt Indomalaysia: Dipterocarpaceae (SO-Asien), Combretaceae (Afrika), Pandanaceae (Schraubenpalmen), Zingiberaceae (Ingwergewächse) und die Mannigfaltigkeitszentren der Moraceae (Ficus, Indomalaysia) und sukkulenter Euphorbiaceae (Afrika, Indien);

Kapensis, als kleines, aber sehr charakteristisches Florenreich im Süden Afrikas: Proteaceae, die sukkulenten Aizoaceae (Lithops; Mesembryanthemum, Mittagsblumengewächse) sowie eines der Verbreitungszentren von Ericaceae und Restionaceae (den Cyperaceae ähnliche Monokotyle);

Australis, was sich weitgehend mit Australien deckt: Myrtaceae (Eucalyptus, Leptospermum), Proteaceae (Banksia), Casuarinaceae, Xanthorrhoeaceae (Grasbäume) sowie ein Mannigfaltigkeitszentrum der Gattung Accia;

Antarktis, ein großteils erloschenes, aber in Resten noch im südlichen Südamerika, der Südspitze Neuseelands und auf den subantarktischen Inseln weiterexistierendes Florenreich: den Fagaceae nahe stehende Nothofagaceae (Nothofagus), polsterbildende Azorella (Apiaceae); am antarktischen Festland leben heute nur zwei einheimische Angiospermenarten: Deschampsia antartica (Poaceae) und Colobanthus quithensis (Caryophyllaceae);

Ozeanisches Florenreich der Weltmeere und der pazifischen Inseln mit den weltweit verbreiteten tropischen Küstengattungen/-arten Cocos nucifera und Rhizophora sp. (Mangrove).

Abb. 6.17: Florenreiche (nach STRASBURGER 2002, S. 986).

Trennung der Nordkontinente erst im Tertiär – wird zur Erklärung herangezogen. Innerhalb eines Florenreiches werden Arealgrenzen durch zonale Temperaturgefälle, durch Ozeanität und Kontinentalität sowie Humidität und Aridität differenziert (SCHMITHÜSEN 1968, STRASBURGER 2002).

Eine andere Ordnung der Arealvielfalt nimmt WALTER für das holarktische Florenreich mit der euro-sibirischen Florenregion vor. Auf Grund historisch-genetischer Einflüsse und lokaler Differenzierungen kommen in Mitteleuropa auch Arten vor, die in benachbarten Klimagebieten ihre Hauptverbreitung haben und nach Mitteleuropa hineinstrahlen. Diese finden sich an Standorten, an denen kleinräumlich ähnliche ökologische Bedingungen ausgebildet sind wie in den Hauptverbreitungsgebieten. Für die Hauptverbreitungsgebiete werden acht als **Geoelemente** bezeichnete Typen ausgewiesen, ergänzt durch Höhenstufen. Durch eine prozentuale Aufschlüsselung der in einem Raum vorkommenden Geoelementvertreter erhält man ein Geoelementspektrum des jeweiligen Untersuchungsgebietes, das für ökologische Arbeiten genutzt werden kann.

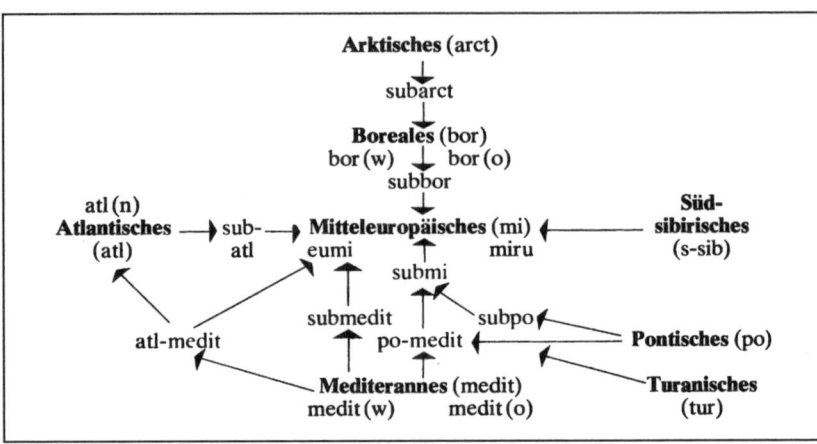

Abb. 6.18: Geoelemente, die nach Mitteleuropa hineinstrahlen (WALTER 1973a, S. 29).

1. Arktische Geoelemente (arct). Ihre Hauptverbreitung liegt in der baumlosen arktischen Tundra, doch gehen viele noch in breiter Front weit in die Nadelwaldzone hinein, wo sie hauptsächlich auf den Mooren anzutreffen sind (subarktische Elemente). Sehr viele besitzen außerdem ein Teilareal in den Alpen (arktisch-alpine Elemente) oder auch noch in anderen europäischen Gebirgen.

2. Boreale Geoelemente (bor). Diese sind Bestandteile der großen Nadelwaldzone, die sich als Taiga durch Nordeuropa und ganz Sibirien erstreckt.

3. Mitteleuropäische Geoelemente (eumi, submi). Es sind die Arten, aus denen sich die Laubwaldzone zusammensetzt.

4. Atlantische Geoelemente (atl). Zu dieser Gruppe rechnet man die Arten, die an ein ozeanisches Klima gebunden sind.

5. Mediterrane Geoelemente (medit). Diese sind für die mediterrane Hartlaubzone mit Winterregen und einer ausgesprochenen Sommerdürrezeit bezeichnend.

6. Pontische Geoelemente (po). Es sind Arten der baumlosen ost-europäischen Steppen, in denen zwar die Sommer heiß und trocken sind, die Winter jedoch im Gegensatz zu dem mediterranen Gebiet viel kälter als in Mitteleuropa.

7. Südsibirische Geoelemente (s-sib). Es handelt sich um Arten, die ihren Verbreitungsschwerpunkt in den lichten Birken- und Lärchenhainen haben – der parkartigen Übergangszone zwischen den westsibirischen Steppen und der Taiga.

8. Turanisch-zentralasiatische Geoelemente (tur). Diese Arten der östlichen Halbwüste kommen in Mitteleuropa meist an besonderen Standorten vor, vor allen Dingen auf Salzböden, die man an den Meeresküsten findet.

Höhenstufen der Gebirge

a) die kolline, basale oder planare

b) die montane

c) die subalpine

d) die alpine

e) die nivale

Die Höhenstufen d und e werden dadurch gekennzeichnet, dass sie baumlos sind. Die Waldgrenze trennt in Mitteleuropa die subalpine Stufe von der alpinen. Viele arktische Elemente sind in Mitteleuropa in der alpinen Stufe vertreten.

Die typischen Pflanzen zu den Geoelementen finden sich bei WALTER (1973) und in Klimaklassifikationen (WALTER 1973a, TROLL/PAFFEN 1964).

Abb. 6.19: Europäische Geoelemente (nach WALTER 1973a, S. 29–39).

6.4 Fallstudie: Zeigerpflanzen und Bioindikatoren

Standortfaktoren begrenzen und beeinflussen die Verbreitung und die Vitalität von Pflanzen, so dass im Umkehrschluss aus dem Auftreten einzelner Pflanzen auf ökologische Bedingungen geschlossen werden kann.

ELLENBERG et al. (1992) haben das ökologische Verhalten von 2942 Gefäßpflanzen-Sippen sowie zahlreicher Laub- und Lebermoose ökologisch beurteilt und deren Vorkommen mit einer **Skalierung** zu einzelnen **ökologischen Parametern** quantifiziert (s. Abb. 6.20).

Rückschluss auf ökologische Bedingungen

Gruppe klimatischer Faktoren:

L = Lichtzahl, bewertet wird das Vorkommen von sehr geringer Beleuchtungsstärke (1) bis zum ungeminderten Lichteinfall im Freiland (9).

T = Temperaturzahl, bewertet wird das Vorkommen im Wärmebereich von der polaren Zone bzw. der alpinen Höhenstufe (1) bis ins mediterran geprägte Tiefland (9).

K = Kontinentalitätszahl, bewertet wird das Verbreitungsschwergewicht von der europäischen Atlantikküste (1) bis ins innere Asien (9).

Gruppe wichtiger Bodenfaktoren:

F = Feuchtezahl, umfasst Vorkommen von flachgründigen, trockenen Felshängen (1) bis zu nassen Moorböden (9). Drei weitere Stufen (10–12) bezeichnen Verbreitungsschwerpunkte vom flachen bis tiefen Wasser.

R = Reaktionszahl, bewertet wird das Vorkommen von extrem sauren (1) bis zu alkalischen (kalkreichen) Böden (9).

N = Stickstoffzahl, bezeichnet das Vorkommen auf Böden mit sehr geringer (1) bis übermäßiger (9) Mineralstickstoffversorgung (NH_4^+ und NO_3^-).

S = Salzzahl, bezeichnet das Vorkommen im Gefälle der Salzkonzentration (insbesondere Cl^--Konzentration) im Wurzelbereich des Bodens von 0 (nicht salzertragend) bis 9 (extrem salzertragend).

Abb. 6.20: Zeigerwerte mitteleuropäischer Pflanzen nach ELLENBERG et al. (vgl. KLINK 1996, S. 56).

So gelten als W ä r m e z e i g e r (thermophytische Arten) in Mitteleuropa mit der Kennzahl T 5

Ackerpflanzen:

Ajuga chamaepitys (Gelber Günsel), *Sherardia arvensis* (Ackerröte), *Iberis amara* (Bittere Schleifenblume), *Portulaca oleracea* (Portulak), *Allium rotundum* (Runder Lauch), *Muscari neglectum* (Übersehene Traubenhyazinthe), *Torilis arvensis* (Acker-Klettenkerbel)

Grünlandpflanzen:

Hordeum nodosum (Roggen-Gerste), *Aira caryophyllea* (Nelkenhafer), *Eryngium campestre* (Feld-Mannstreu), *Stipa capillata* (Haar-Federgras), *Genista sagittalis* (Flügelginster), *Verbascum lychnitis* (Mehlige Königskerze), *Aster linosyris* (Gold-Aster) u. a.

Als Zeiger für die B o d e n r e a k t i o n (Säurezeiger, „Kalkpflanzen") gelten etwa auf stark sauren Böden (Säurezeiger, Gruppe R 1)

Ackerpflanzen:

Scleranthus annuus (Einjähriger Knäuel), *Spergula arvensis* (Acker-Spörgel), *Rumex acetosella* (Kleiner Ampfer), *Galeopsis segetum* (Gelber Hohlzahn), *Holcus mollis* (Weiches Honiggras)

Grünlandpflanzen:

Nardus stricta (Borstgras), *Arnica montana* (Bergwohlverleih), *Genista sagittalis* (Flügelginster), *Calluna vulgaris* (Heidekraut)

Wald- und Moorpflanzen:

Deschampsia flexuosa (Drahtschmiele), *Vaccinium myrtillus* (Heidelbeere), *V. vitisidaea* (Preißelbeere), *Oxycoccus quadripetalus* (Moosbeere), *Melampyrum silvaticum* (Wald-Wachtelweizen)

auf neutralen bis basischen Böden („Kalkpflanzen", Gruppe R 5)

Ackerpflanzen:

Delphinium consolida (Acker-Rittersporn), *Adonis aestivalis* (Sommer-Adonisröschen), *Caucalis lappula* (Möhren-Haftdolde), *Scandix pecten-veneris* (Venuskamm), *Lathyrus tuberosus* (Knollen-Platterbse)

Grünlandpflanzen:

Bromus erectus (Aufrechte Trespe), *Carex davalliana* (Davalls Segge), *Onobrychis viciifolia* (Esparsette), *Stachys recta* (Aufrechter Ziest)

Waldpflanzen:

Arum maculatum (Aronstab), *Ranunculus lanuginosus* (Woll-Hahnenfuß), *Helleborus foetidus* (Stinkende Nießwurz), *Lathyrus vernus* (Frühlings-Platterbse), *Mercurialis perennis* (Wald-Bingelkraut), *Sanicula europaea* (Sanikel)

Als S t i c k s t o f f z e i g e r (Gruppe N 5) gelten z. B.

Phalaris arundinacea (Rohrglanzgras), *Anthriscus silvestris* (Wiesen-Kerbel), *Heracleum sphondylium* (Bärenklaue); Im Wald kommen hinzu: *Urtica dioica* (Brennnessel), *Arctium nemorosum* (Klette), *Alliaria officinalis* (Knoblauchrauke), *Geranium robertianum* (Ruprechtskraut), *Atropa belladonna* (Tollkirsche), *Sambucus nigra* (Schwarzer Holunder) u. a.

Für den Faktor Wasserhaushalt wurden (auszugsweise) folgende Arten den verschiedenen Kennwerten zugeordnet

W 1 auf sehr trockenen Standorten, nässeempfindlich:
Stipa capillata (Haar-Pfriemengras), *Carex humilis* (Erd-Segge), *Pulsatilla vulgaris* (Küchenschelle), *Helichrysum arenarium* (Sand-Strohblume)

W 2 vorwiegend auf trockenen, zeitweise genügend durchfeuchteten Standorten:
Bromus erectus (Aufrechte Trespe), *Carex montana* (Berg-Segge), *Anthyllis vulneraria* (Wundklee), *Carlina vulgaris* (Kleine Eberwurz)

W 3 vorwiegend auf frischen Standorten (weder extrem austrocknend, noch übermäßig durchnässt):
Dactylis glomerata (Knäuelgras), *Vicia sepium* (Zaunwicke), *Veronica chamaedrys* (Gamander-Ehrenpreis)

W 4 vorwiegend auf feuchten Standorten (empfindlich gegen Trockenheit, gegen Nässe ziemlich unempfindlich):
Bromus racemosus (Trauben-Trespe), *Scirpus silvaticus* (Wald-Simse), *Angelica silvestris* (Wald-Engelwurz), *Galium uliginosum* (Moor-Labkraut)

W 5 vorwiegend an nassen Standorten:
Glyceria maxima (Wasser-Schwaden), *Carex acutiformis* (Sumpf-Segge), *Carex gracilis* (Schlank-Segge), *Lathyrus paluster* (Sumpf-Platterbse), *Valeriana dioica* (Kleiner Baldrian)

Abb. 6.21: Zeigerpflanzen in Mitteleuropa (nach REICHELT/WILMANNS 1973, S. 125–127).

Im Umkehrschluss können dann Arten Aussagen zu den ökologischen Standortverhältnissen machen und als **Indikatorpflanzen** genutzt werden. Jede Art kann nach ihrem Verhalten zu jedem einzelnen Faktor der von ELLENBERG et al. (1992) definierten Gruppen zugeordnet werden (s. Abb. 6.21).

Gruppenzuordnung

Hierfür sind nach REICHELT/WILMANNS (1973, S. 125) folgende Voraussetzungen nötig:
1. Arten, die mit sehr ungünstigen Verhältnissen vorlieb nehmen und fast ausschließlich bei geringen Werten des betreffenden Faktors vorkommen.
2. Arten von ähnlichem Vorkommen, aber weiterer Amplitude.
3. Arten, die besonders häufig im mittleren Bereich des betreffenden Faktors vorkommen.
4. Arten von ähnlichem Verhalten wie Gruppe 5, aber weiterer Amplitude.
5. Arten, die fast ausschließlich bei hohen Werten des betreffenden Faktors, also unter sehr günstigen oder übergünstigen Verhältnissen vorkommen.
6. Arten, die gegenüber dem betreffenden Faktor indifferent sind, also eine sehr weite Amplitude aufweisen.

Auch Baumarten und Unterwuchs mitteleuropäischer Wälder geben Auskunft über ökologische Bedingungen.
Pflanzen reagieren auf Veränderungen der ökologischen Parameter, und einige Arten dienen als Bioindikatoren für Umweltveränderungen (ARNDT et al. 1987).

Bioindikatoren

Messmethode an-
hand von Flechten

Flechtenarten reagieren unterschiedlich empfindlich auf Luftschadstoffe, und in urbanen Räumen geben Flechten über den **Luftreinheitswert IAP (Index of Atmospheric Purity)** Auskunft über Belastungsstufen (s. Abb. 6.22–6.25).

Hierzu werden an Bäumen zwischen 1–2 m Bodenabstand alle Flechtenarten notiert und der Deckungsgrad und die Vitalität in Stufen erfasst.

Dann wird an einer Messstelle für jede Flechtenart dieses Baumes der Luftreinheitswert IAP (Le BLANC/De SLOOVER 1970) berechnet.

Der IAP-Wert einer Messstelle ist die Summe aller Flechtenarten. Für eine kartographische Darstellung einer Region erfolgt eine Klassifizierung und die der Messstation entsprechenden Gebiete der Stadt werden in kartographischen Einheiten zur Luftqualität zusammengefasst.

Zentrale Stadtgebiete sind frei von Epiphyten, für die Bioindikatoren zur Luftbelastung erfolgt eine Flechtenexposition (ARNDT et al. 1987). In wenig belasteten Gebieten werden für eine Flechtentafel zehn kreisförmige Rindenstücke von 45 mm Durchmesser z. B. der Blattflechte *Hypogymnia physodes* – einer Flechte mit mittlerer Schadstoffempfindlichkeit – ausgestanzt und auf einer Holztafel 1,5 m über bewachsenem Untergrund aufgestellt. Schädigungen durch Umwelteinflüsse zeigen sich in Thallusverfärbungen, die ausgewertet werden. Die Absterberate in Prozent der abgestorbenen Thallusfläche gilt als Schädigungskriterium.

Messmethode an-
hand von Gräsern
und Moosen

Schwermetallimmissionen können an standardisierten Graskulturen und mit Moss-Bags ermittelt werden.

Zone 1 = Flechtenwüste. – Nur in seltenen Fällen treten noch Flechten auf (u. a. *Lepraria aeruginosa, Lecanora hageni*). Meistens sind jedoch nur noch Luftalgen *(Pleurococcus viridis)* vorhanden.

Zone 2 = Innere Kampfzone. – Sie enthält nur verarmte subneutrophile Vereine auf Laubholzrinde. Nadelholzrinde wird wegen des niedrigen pH-Wertes nicht mehr besiedelt. Es treten nur noch einzelne Flechtenarten auf *(Physcia orbicularis, Ph. ascendens, Lecidea parasema, Lecanora varia* und *Lecanora conizaeoides)*.

Zone 3 = Mittlere Kampfzone. – Neutrophile dominieren. Hauptsozietäten sind das Physcietum orbicularis mit *Physcia orbicularis, Pb. sciastra* und *Ph. nigricans,* sowie das Lecanoretum subfuscae mit *Lecanora subfusca, L. coelocarpa, Caloplaca cerina* und *Rhinodina exigua.*

Zone 4 = Äußere Kampfzone. – Oxyphile Vereine sind hier noch immer dominant, werden jedoch schon von nitrophilen Arten begleitet. Charakteristisch für diese Zone ist das Parmelietum furfuraceae, ein Verein mit *Parmelia fuliginosa, P. exasperatula, P. sulcata* und *Evernia prunastri.*

Zone 5 = Frischluftzone. – Siedlungseinflüsse wirken sich hier nicht mehr letal für Flechten aus. In dieser Zone dominieren oxyphile Vereine auf Laub- und Nadelbaumrinde, Holz und Silikat. Charakteristische Sozietäten sind das Usneetum dasypogae, eine oxyphile Bartflechtensozietät, das Laborion pulmonariae, Moos-Blattflechtenvereine, das Parmelion physodis u. a.

Abb. 6.22: Flechtenzonen in urbanen Ökosystemen (nach MÜLLER 1977a, S. 66).

Deckungsstufen:		Vitalität	
% der Rindenoberfläche deckend			
1:	0 – 1 %	3:	üppig
2:	2 – 5 %	2:	normal wachsend
3:	6 – 10 %	1:	kümmernd
4:	11 – 25 %		
5:	26 – 50 %		
6:	über 50 %		

Abb. 6.23: Deckungsstufen und Vitalität von Flechten (nach GRÜNINGER et al. 1984).

IAP-Wert

$$IAP_j = \sum Q_i \quad \text{und} \quad Q_i = n_i/m$$

mit: IAP_j = **Index of Atmospheric Purity**; Kenngröße für die Luftgüte an einer Station j; eine Station umfasst eine definierte Anzahl von Bäumen (meist 3 oder 6) mit bestimmten Eigenschaften (freistehend, gerader Stamm, kein Wundfluss etc.)

j = Laufvariable über die Stationen.

Q_i = Diversitätsindex der Art i (durchschnittliche Artenzahl innerhalb der normierten Untersuchungsflächen an den Stationen, an denen die Art i vorkommt).

i = Laufvariable über die Flechtenarten.

n_i = Summe über alle Flechtenarten an allen Stationen, an denen die Art i vorkommt.

m = Anzahl der Stationen, an denen die Art i vorkommt.

Abb. 6.24: IAP-Wertberechnung (nach HOBOHM 2000, S. 21).

Standardisierte Graskulturen: Weidegras *(Lolium multiflorum)* wird in genormten Gefäßen in ca. 1,5 m Höhe exponiert und nach 14 Tagen gewaschen und ungewaschen analysiert (ARNDT et al. 1987).

Moss-Bags: *Sphagnaceae* vermögen Schwermetalle aus der Luft und aus durchsickerndem Wasser zu filtern und zu fixieren. Moos aus wenig belasteten Räumen wird in kleine Nylonnetze zu Kugeln im Durchmesser von 5 cm gepackt und freihängend in 1,5 m Höhe an einer Schnur exponiert. Nach acht Wochen werden die Moss-Bags eingesammelt und die Schwermetallgehalte analysiert (BECK 1996).

Bei beiden Verfahren werden die organischen Substanzen mit einem Oxidationsmittel nass verascht und die in der Lösung enthaltenen Schwermetalle bestimmt. Die primär enthaltenen Schwermetalle aus den wenig belasteten Herkunftsgebieten werden in Nullproben ermittelt und von den Immissionswerten abgezogen.

Flechten noch gesund, IAP > 170	Vielfältige bunte und gesunde Strauch-, Blatt- und Krustenflechtengesellschaft. Mit seltenen Arten wie z. B. *Usnea spec* (Bartflechte), *Ramalina farinacea* und *Normandina pulchella*.
Flechten leicht geschädigt, IAP 90–169	Vielfältige Blattflechtengesellschaft mit großer bis vollkommener Deckung der Stammober- fläche, die im Wesentlichen vom *Physcia ascendens/tenella, Phaeophyscia orbicularis, Parmelia sulcata, Parmelia exasperatula* und *Hypogymnia physodes* gebildet wird. Großflächige Blattflechtenarten wie *Parmelia flaventior* (Grünlich-gelbe Schildflechte), *Parmelia acetabulum* (Essigbecher-Dunkel- schildflechte) und *Parmelia tiliacea* (Linden- Schildflechte) treten nur vereinzelt und zum Teil geschädigt auf. Weiterhin werden Krusten- flechten und selten weniger vitale Strauch- flechten gefunden.
Flechten mäßig geschädigt, IAP 60–89	Zusammen mit *Candelariella xanthostigma* herrschen graue Blattflechten vor, allerdings in beschränkter Artenzahl, einer Deckung von 10–30 % und mit Thallusschäden. Zu den vorhergehenden Arten kommen *Parmelia exasperatula* (Spatelstiftige Dunkelschwielen- flechte), *Xanthoria parietina* (Wand-Gelb- flechte), *Hypogymnia physodes* (Blasige Nacktsohlenflechte), *Candelaria concolor* (Gleichfarbene Leuchterflechte) und *Parmelia subrudecta* (Weißflecken-Schildflechte).
Flechten kritisch geschädigt, IAP 30–59	Vorherrschend *Candelariella xanthostigma*, daneben Blattflechten in wenigen kümmer- lichen Exemplaren mit einer Deckung um 5 %. Außer *Physcia ascendens/tenella* und *Phaeo- physcia orbicularis* (Grünkugel-Dunkel Schwielenflechte) kommen verkümmerte Reste von *Parmelia sulcata* (Runzel-Schildflechte) vor.
Flechten absterbend oder tot, IAP 0–29	Neben Kümmerexemplaren von *Physcia ascendens/tenella* (Helm- und Zarte Schwie- lenflechte) tritt vereinzelt *Candelariella xanthostigma* (Gelbkorn-Kleinleuchterflechte) auf.

Abb. 6.25: IAP-Werte und Beispiel einer Flechtenkartierung im Stadtgebiet von Reut- lingen (nach GRÜNINGER et al. 1984).

6.5 Fallstudie: Biodiversität

Der Begriff Biodiversität, übersetzt mit „biologischer Vielfalt" oder auch „Vielfalt des Lebens", fand nach dem Symposium „National Forum on Bio-Diversity" in den USA 1986 Eingang in die Fachliteratur (WILSON 1988). Auf der UN-Konferenz für Umwelt und Entwicklung 1992 wurde eine „Convention of biological diversity" verabschiedet mit den Zielsetzungen, die biologische Vielfalt zu erhalten, ihre Bestandteile nachhaltig zu nutzen und die Nutzung genetischer Ressourcen gerecht zu verteilen.

Begriffshintergrund

Seit dieser Zeit ist Biodiversität für viele Forschungsprojekte und Publikationen ein nahezu universeller Begriff. Um die Biodiversität zu erfassen, wird ein weites methodisches Spektrum angewandt. Wesentlich ist aber, dass nach dem Bestimmen von Arten, gleich ob mit traditionellen biologischen Erhebungen oder aber über gentechnische Verfahren, und der Ermittlung der Raumkomponenten über Rechenprozesse Indizes ermittelt werden, um Biodiversität zu quantifizieren.

JACCARD-Index

$J = C/(A + B) = C \times 100/A \times B \%$

SÖRENSEN-Koeffizient

$Sö = 2 \times C/(2 \times C + A + B)$

Kenngrößen zur Ermittlung der floristischen und faunistischen Ähnlichkeit unterschiedlicher Gebiete (Maß für phylogenetische Verwandschaft).

mit: A = Zahl der Arten, die in einem Gebiet a vorkommen, nicht aber in Gebiet b.
B = Zahl der Arten, die in einem Gebiet b vorkommen, nicht aber in Gebiet a.
C = Zahl der Arten, die sowohl in Gebiet a als auch in Gebiet b vorkommen.
J bzw.
Sö = Kenngrößen, die Auskunft erteilen über die Floren- oder Faunen Verwandtschaft von zwei Gebieten a und b.

SHANNON-Index

$H = -\sum\limits_{i=1}^{S} (p_i \times \log p_i)$

Werte zur Beurteilung der Biodiversität in ökologischen Zusammenhängen (Einschätzung der Ungleichverteilung, Ermittlung der Artenvielfalt).

Evenness

$E = H/\log S$

mit: E = Evenness; als Maß für die Gleichverteilung der Arten innerhalb der Untersuchungsfläche, gemessen an den Individuenzahlen pro Art.
H = Shannon-Index; als „Mischindikator" für Gleichverteilung der Arten innerhalb einer Untersuchungsfläche und Artenvielfalt.
i = Laufvariable für die Arten von 1 bis S.
N_{ges} = Summe aller Individuen in einer Untersuchungsfläche.
N_i = Individuenzahl der Art i.
P_i = N_i/N_{ges}.
S = Gesamtartenzahl innerhalb einer Untersuchungsfläche.

Abb. 6.26: Formeln zur Berechnung von Biodiversität (nach HOBOHM 2000, S. 13 u. 15).

Die hauptsächlich verwendeten, in vielen Lehrbüchern noch nicht enthaltenen Begriffe und die wesentlichen Indizes sind bei Новонм (2000) ausführlich behandelt und werden im Folgenden wiedergegeben.

Begriffe zur Biodiversität

Arten-Diversität (species diversity): Artenzahl (S), häufig als Artenvielfalt bezeichnet.

Artendichte (species density): Artenzahl pro Fläche (S/A), auch als Artenvielfalt bezeichnet.

Endemitenanteil: Prozentualer Anteil von endemischen Arten an der Gesamtartenzahl einer Region.

Evenness: „Grad der Gleichverteilung"; der maximale Wert ist erreicht, wenn alle auf einer Fläche vorkommenden Arten gleich viele Individuen (bzw. gleich hohe Deckungen) haben.

α-Diversität: Artenreichtum eines Bestandes oder einer Gesellschaft („richness of the community in numbers of species").

β-Diversität: Wechsel von Artenzusammensetzungen entlang ökologischer Gradienten („extent of species replacement or biotic change along environmental gradients").

γ-Diversität: Artenvielfalt eines Vegetationskomplexes oder einer Landschaft („richness in species of a range of habitats (a landscape, a geographic area, an island)").

Genetische Vielfalt: Vielfalt von Allelen an einem Genort innerhalb einer Population bzw. von Unterarten oder Varietäten innerhalb einer Art; im Zusammenhang mit der Gentechnik und der Erhaltung alter Kulturpflanzen und Haustierrassen heftig diskutiertes Problemfeld.

Habitat-Diversität: Standörtliche Komplexität, geomorphologische, hydrologische, klimatische Heterogenität etc.; Vegetations- und Landschaftsökologen meinen i.d.R. die räumliche Vielfalt abiotischer Faktoren, einige Zoologen rechnen auch die durch die Vegetation bedingte Strukturvielfalt dazu.

Struktur-Diversität: Strukturelle Vielfalt; Wuchshöhe, Schichtenbau, Biomasse etc.

Tropho-Diversität: Zahl der trophischen Ebenen, Komplexität der Nahrungsbeziehungen.

Mit der Verteilung von Arten und Individuen verwandte Begriffe

Deckung (einer Art): Kenngröße, die unter Berücksichtigung aller auf einer Fläche beteiligten Arten Rückschlüsse über die Dominanzverhältnisse erlaubt; Angabe z. B. in Prozent der Probefläche, die von einer Pflanzenart bedeckt ist.

Individuen-Abundanz (Individuen-Dichte): Zahl der Individuen pro Fläche.
Zufällige Verteilung (von Individuen einer Art): Mit ungleichen Abständen zwischen den Individuen; Häufungen von Individuen nach Zufallsparametern.

Uniforme Verteilung (von Individuen einer Art): Mit etwa gleichen Abständen zwischen den Individuen.

Gleichmäßig gehäufte Verteilung (von Individuen einer Art): Individuen in Gruppen; Ansammlungen etwa gleich groß.

Ungleichmäßig gehäufte Verteilung (von Individuen einer Art): Individuen in Gruppen, Polstern, Flecken, Teppichen oder Herden; Ansammlungen unterschiedlich groß.

Gleichverteilung: Alle Arten (auf der Untersuchungsfläche) haben gleich viele Individuen (Achtung: nicht zu verwechseln mit uniformer Verteilung!).

Dominanz: Vorherrschaft einer oder weniger Arten; diese sind dominant, d. h. mit hohen Deckungsanteilen bzw. vielen Individuen vertreten. Die übrigen Arten sind nur mit geringer Deckung bzw. wenigen Individuen – zumeist als Lückenbüßer – vorhanden.

Struktur-Diversität/Schichtenbau: Als Antwort auf die Frage, ob eine Biocoenose reich gegliedert, reich strukturiert ist; Angabe z. B. als dimensionslose Zahl, die die Summe der Stockwerke, Schichten oder Synusien angibt (Achtung: zuvor genau definieren!). Beispiel: Wald mit Baumschicht I, Baumschicht 11, Strauchschicht, Krautschicht, Moosschicht am Boden, einer epiphytischen Flechten-Synusie: 6.

Abb. 6.27: Begriffe zur Biodiversität und zur Verteilung von Arten und Individuen in der Biodiversität-Literatur (nach HOBOHM 2000, S. 6 u. 11).

7 Tiergeographie

Aufgaben und Ziele Die Tiergeographie beschäftigt sich mit der geographischen Verbreitung der Tiere und den Fakten, die dafür verantwortlich sind.

Analog zur Vegetationsgeographie werden **Areale** ausgewiesen, deren räumliche Verteilung mit den einzelnen Arten wiederum ein Raummuster mit **Kosmopoliten** und **Endemiten** ergibt, das bei globaler Betrachtung zur Ausweisung von **Tierreichen** führt (MÜLLER 1977b, STORCH/WELSCH 1994).

---

1. Paläarktische Region: Sie umfasst Europa, Nordafrika, Vorder-, Nord- und Mittelasien (bis Iran, Afghanistan, Himalaya und Nordchina). Typische Tiere sind:

Braunellen, Reh, Saiga, *Ellobius* (Pulmonata), verschiedene Insectivora *(Neomys)* und Rodentia (Dipodidae, *Arvicola*).

2. Nearktische Region: Sie umfasst Nordamerika einschließlich Grönlands und Mexikos. Kennzeichnende Tierarten sind: Truthühner, Spottdrosseln, Gabelbock, Schneeziege.

Paläarktische und nearktische Regionen besitzen manche Übereinstimmungen in der Faunenzusammensetzung und werden daher auch als holarktische Region zusammengefasst. Gemeiname Formen sind: Elch, Rothirsch/Wapiti, Ren/Karibu, Braunbären, Biber, Maulwürfe, Hecht, Alken, Bänderschnecken.

3. Äthiopische Region: Sie umfasst Afrika südlich der Sahara und Südarabien. Typische Tiere: Nilpferd, Giraffen, Gorilla, Schimpansen, Paviane, Strauß, Perlhühner, Schuhschnabel, Sekretär, Mormyriden.

4. Madagassische Region: Zu ihr gehören Madagaskar und die nördlich von Madagaskar liegenden Inseln. Typische Tiere: Lemuriformes (Lemuren, Fingertier *[Daubentonia], Propithecus* u. a.), Erdracken.

5. Orientalische Region: Sie umfasst Indien und Hinterindien inkl. der westlichen großen Sundainseln (einschließlich Bali). Im chinesischen Raum vermischen sich paläarktische und orientalische Fauna. Typische Tiere: *Tupaia*, Gibbons, *Tarsius*, Blattvögel, Bankivahuhn, Panzernashorn. Übereinstimmungen mit der äthiopischen Region: Schuppentiere, Antilopen, Nektarvögel; mit der paläarktischen: Hirsche, Bären, Meisen.

6. Indo-australisches Zwischengebiet (Wallacea): Es umfasst Sulawesi (Celebes), die kleinen Sundainseln und die Molukken. Typische Tiere: *Babyrousa* (Hirscheber), Anoa, *Cynopithecus,* Komodowaran.

7. Australische Region (= Notogaea): Ihr gehören Neuguinea, Australien, Neuseeland und Melanesien an. Typische Tiere: Kloaken- und Beuteltiere, Großfußhühner, Paradiesvögel, Kakadus.

8. Neotropische Region (= Neogaea): Sie umfasst Mittel- und Südamerika. Typische Tiere: Gürtel-, Faultiere, Ameisenbären, Lamas, Tukane.

9. Antarktische Region: Sie ist vor allem durch die Pinguine gekennzeichnet und besitzt keine echten Landwirbeltiere.

Neben der genannten Einteilung der Erde in neun tiergeographische Regionen gibt es noch andere Untergliederungsmöglichkeiten. So werden z. B. die orienta-

---

> lische, äthiopische und madagassische Region zur **Paläotropis** zusammenge-
> fasst, oder Paläarktis, Nearktis, äthiopische, orientalische und madagassische
> Region zur **Arctogaea. Neuseeland, Ozeanien und Antarktis werden auch als
> Ozeanis zusammengeschlossen. Diese Einteilungen beziehen sich vor allem
> auf Säuger und Vögel, z. T. auch auf Reptilien.**

Abb. 7.1: Tierreiche der Erde (nach STORCH/WELSCH 1994, S. 381 f.).

Bei 1,5 Mio. beschriebenen rezenten Tierarten konzentrieren sich die
Forschungen auf einzelne Arten bzw. auf einzelne Klimazonen oder ökologisch abgrenzbare Räume. Die Grundfragestellung „Warum fehlt Art x im
Raum y" bzw. „Warum kommt Art x im Raum y vor" (MÜLLER 1977b, S. 13)
bewirkt die Methoden, die in den jeweiligen Räumen zur Klärung der
limitierenden Parameter zum Einsatz kommen müssen. Die Vielfalt der
Arten und deren natürliche Verbreitung durch die geologische Vergangen-
heit, die Korrelation mit klimatisch bedingten ökologischen Grenzen und
die zusätzliche Tierverschleppung durch den Menschen mit der Überwin-
dung von natürlichen Ausbreitungsschranken bewirkt, dass sehr artspezifi-
sche Fragestellungen dominieren, die den Rahmen dieses Buches sprengen
würden. Das von MÜLLER 1977b erstellte Schema mit den methodischen
Ansätzen zeigt dies deutlich.

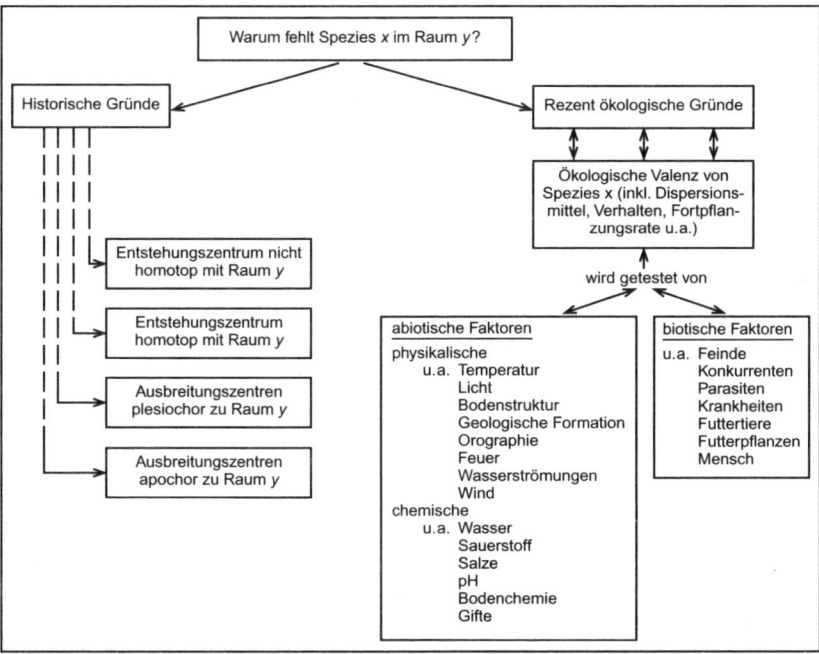

Abb. 7.2: Schema zu Grundfragestellungen der Tiergeographie, den Forschungszie-
len und methodischen Ansätzen (nach MÜLLER 1977b, S. 13).

8 Hydrogeographie

8.1 Aufgaben und Ziele

Die Hydrogeographie verknüpft als **geographische Wasser- und Gewässerkunde** die Geographie mit der **Hydrologie,** die als Lehre von den physikalischen, chemischen und biologisch bedingten Erscheinungen des Wassers über, auf und unter der Erde mit vielen Wissenschaftsdisziplinen inklusive technischer und ingenieurwissenschaftlicher Fachrichtungen vernetzt ist (BAUMGARTNER/LIEBSCHER 1990, HELLMANN 1999, HERRMANN 1977, KELLER 1961).

Forschungsbereiche
Wasserhaushalt, Abfluss, Wasserqualität und Nutzungsmöglichkeiten sind ebenso **Forschungsthemen** und Inhalte der Hydrogeographie wie der **Einfluss des Menschen auf das Naturpotenzial** durch Wasserentnahme, Wasserbaumaßnahmen mit Wasserumleitungen, Aufstauungen, Grundwasserveränderungen und Belastungen der Wasserökosysteme durch Einleitungen (KELLER 1980, WILHELM 1997, WARD 1975)

8.2 Fallstudie: Wasser in einem Flusssystem

Ein Flusssystem wird durch die geographische Lage und den dadurch gegebenen Klimaverhältnissen, dem Einzugsgebiet mit Relief, Gestein, oberflächennahem Untergrund und Böden sowie der Nutzung und dem aus den bisherigen Größen resultierenden Abfluss und Sedimenttransport bestimmt.

Hydrologische Messmethoden
Meteorologische Daten und **geländeklimatologische Regionalstudien** liefern die klimatischen Faktoren. Für eine Wasserbilanz sind Verdunstung, Interzeption und Infiltration des Untergrundes wesentliche Parameter.

Die **Verdunstung** geht in die Wasserbilanz als Verlustgröße ein und wird entweder durch Messverfahren oder durch Berechnungen aus hydrologischen, meteorologischen und klimatologischen Daten ermittelt.

Die hydrologischen **Messgeräte der direkten Verfahren** (beschrieben bei BAUMGARTNER/LIEBSCHER 1990, WECHMANN 1964) lassen sich in drei Klassen einordnen: Atmometer und Evaporometer zur Erfassung des Verdunstungsanspruches, Evaporimeter zur Messung der Verdunstung aus Wasseroberflächen und Lysimeter zur Messung der Verdunstung aus festen Erdoberflächen.

Verdunstungsmessung
Das **Piche-Atmometer** besteht aus einer oben verschlossenen Glasröhre mit Skala, die auf einem Filterpapier steht, das aus der Wassersäule feucht gehalten wird. Der tägliche Wasserverlust wird gemessen und auf die Fläche bezogen.

Evaporometer: Eine feucht gehaltene Porzellankugel dient als Verdunstungsfläche, das Wasser wird aus Vorratsgefäßen über den äußeren Luft-

Nr.	Objekt	Verfahren	Bezugs-Fläche	Zeit
1.	Pflanzenteile	Botanisch: Wiegen abgeschn. Zweige, Extrapolation auf Bäume (= Anwelkmethode)	cm^2	s, min
2.	Einzelpflanzen	Kleinlysimeter: Wiegen von Topfpflanzen (= Potverdunstung)	cm^2, dm^2	h, d
3.	Pflanzenverband	Großlysimeter: Wiegen von vegetationsfreien oder bepflanzten Bodenblöcken	m^2	h, d
4.	Wasserflächen	Verdunstungstanks auf fester Erde und Floßtanks in Seen	m^2	h, d
5.	Bodenareale	Bodenwasserhaushalt, Wassergehalt, Saugkerzen	10^3 m^2	h, d
6.	Naturbestand	Wasserdampfaustausch, Energiebilanz für spezifische Bodendecken	km^2	h, d
7.	Landschaftsteil	Wasserhaushalt von Bach-Einzugsgebieten mit spezifischer Bestands- und Bodenform	10^2 km^2	h, d
8.	Landschaft	Wasserhaushalt von Fluß-Einzugsgebieten, Meteorolog.-Klimatol. Modelle, Bestands- und Orographie-Vielfalt	10^4 km^2	mon
9.	Länder, Meere	Wasserdampfadvektion, orographisch definierte Areale	10^5 km^2	d, a
10.	Erdteile, Globus	Wasserbilanzen	$> 10^6$ km^2	mon, a

Abb. 8.1: Methoden zur Bestimmung der Verdunstung (nach BAUMGARTNER/ LIEBSCHER 1990, S. 336).

druck nachgedrückt. Die verdunstete Wassermenge wird gemessen und über die Kugelfläche wird die Verdunstung berechnet.

Evaporimeter: Wannen, Tanks und Schwimmkessel mit offenen Wasserflächen von Quadratzentimeter- bis Quadratmeter-Größe dienen zur Ermittlung des Verdunstungsverlustes, der durch Pegelmessungen oder Wägung (Wild'sche Waage – in Klimahütten eingesetzt) bestimmt wird. Da die Evaporimeter eine größere Verdunstung als natürliche ausgedehnte Wasserflächen haben, wird ein Umrechnungsfaktor eingesetzt.

Lysimeter (vgl. Kap. 3.4): Das Sickerwasser wird entweder gemessen oder abgesaugt und die Verdunstung aus der Bilanz von Niederschlags- und Bodenwassergehalt errechnet.

Indirekte Messverfahren: Aus der Kenntnis von Niederschlag, Rückhaltung eines Niederschlagsanteiles durch Boden und Vegetation und aus Abflussdaten wird über unterschiedliche Rechenverfahren die Verdunstung einer Region oder eines Flusseinzugsgebietes errechnet.

Die bereits zitierten Lehrbücher für Hydrologie geben noch differenzierte Formeln zur Berechnung der Verdunstung über freien Wasserflächen, von vegetativen Bodendecken und vom Erdboden vor. Ebenso wie von den Pflanzenorganen und von Schnee und Eis im Gebirge.

Interzeption (interceptio = Wegnahme): Die meteorologischen Daten zum Niederschlag kennzeichnen nur die Niederschlagsverhältnisse eines vegetationslosen Einzugsgebietes. Niederschlag auf eine Landoberfläche mit Vegetation wird durch das an oberflächlichen Sprossteilen haften bleibende Wasser vermindert. Mengenmessungen der durch die Pflanzendecke unterschiedlich aufgeteilten Niederschlagsarten ergeben die Interzeption.

Messung des eingetragenen Wassers

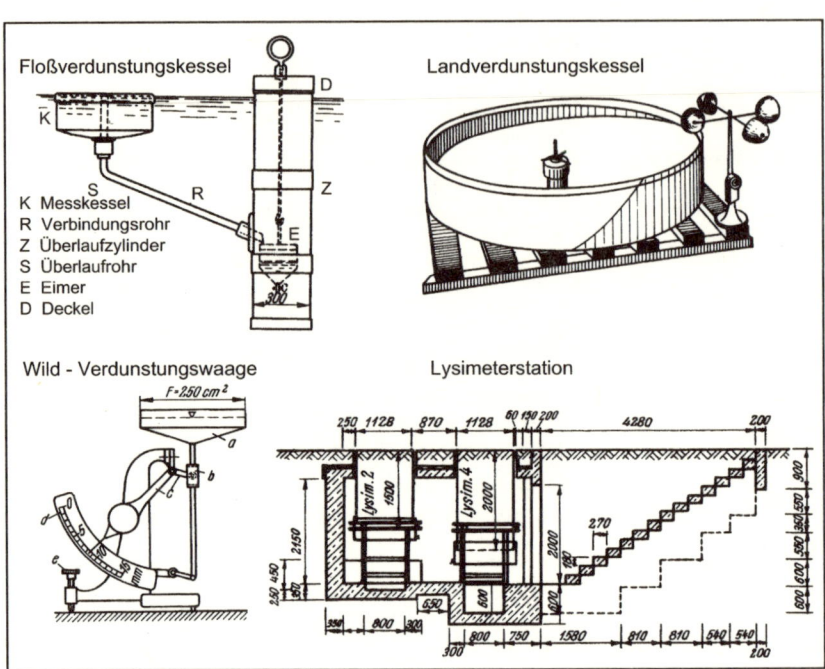

Abb. 8.2: Messgeräte zur Verdunstungsmessung (nach WECHMANN 1964, S. 396, 399, 401 u. 404).

Infiltration: Das die Erdoberfläche erreichende Niederschlagswasser sickert in den Boden. Die Infiltration in Boden und Gesteinsuntergrund stellt für die Wasserbilanz eines Fließsystems eine Verringerung für den Abfluss dar. Die Wasserzirkulation im oberflächennahen Untergrund und Methoden der Infiltration wurden bereits in Kap. 3.4 dargestellt.

Messung des Bodenwassers

Das Wasser im geologischen Untergrund ist der Bereich der Hydrogeologie. **Oberflächennahes Grundwasser,** besonders die Lage des Grundwasserspiegels ist als ökologische Größe ein Objekt der Hydrogeographie. Der Grundwasserstand kann direkt über Pegel ermittelt oder aber über Bodentypen indirekt abgeleitet werden.

Bodentyp bzw. Subtyp	Klasse des Grund-wasserstandes	Grundwasser-stand in dm	Bezeichnung
Gley, Anmoorgley, Nassgley, Moorgley	1	0–4	flach bis sehr flach
Alle Subtypen des Gley (z.B. Auengley, Braunerde-Gley, Podsol-Gley) außer Normgley	2	>4–8	mittel
Alle Subtypen mit ‚Gley' als vorausgestelltem Namensbestandteil z.B. Gley-Braunerde, Gley-Podsol, Gley-Pseudogley	3	>8–13	tief

Abb. 8.3: Ableitung des Grundwasserstandes aus dem Bodentyp (nach ZEPP/MÜLLER 1999, S. 135).

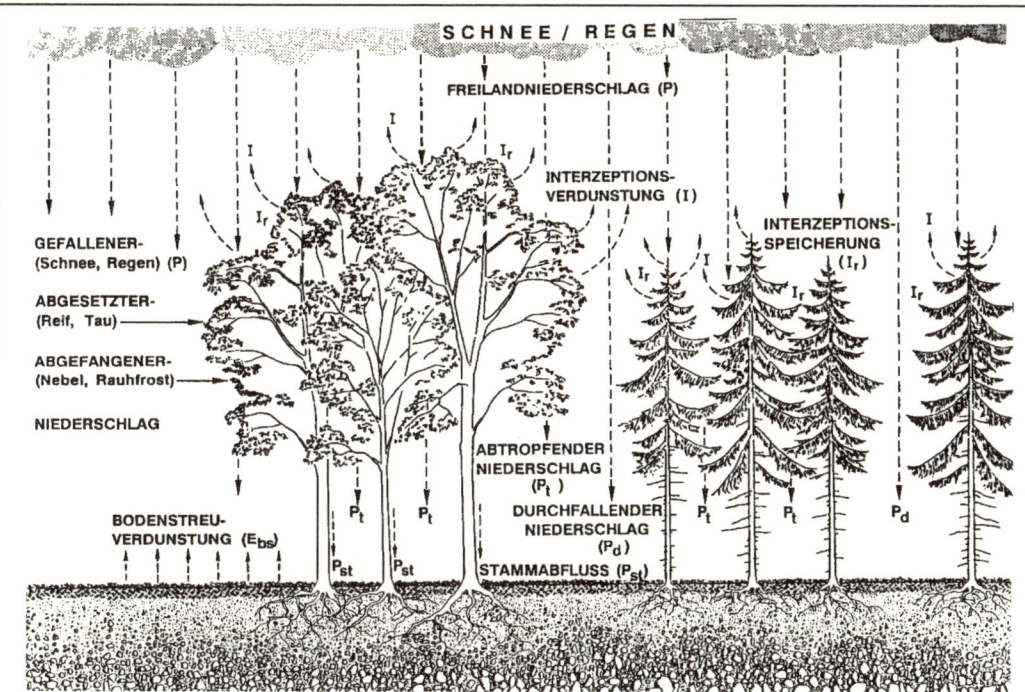

P_d = Durchfallender Niederschlag („Niederschlag, der ohne Kontakt mit der Vegetation durch den Pflanzenbestand zum Boden gelangt");

P_t = Abtropfender Niederschlag („Niederschlag, der nach Kontakt mit der Vegetation zum Boden gelangt");

P_{st} = Stammabfluss („Niederschlag, der an der Pflanze abfließend zum Boden gelangt");

P = Freilandniederschlag („Niederschlag auf einer Bezugsfläche unmittelbar über dem Pflanzenbestand");

I_g = Interzeptions-Gewinn (abgesetzter und abgefangener Niederschlag sowie Gewinn durch „Auskämmen" von Schneeniederschlag);

I_v = Interzeptions-Verlust („Teil des Niederschlags, der infolge der Interzeption nicht die Bodenoberfläche erreicht");

I_r = Interzeptionsspeicherhöhe (Wasservolumen des an Pflanzenoberflächen infolge der Interzeption zum betrachteten Zeitpunkt vorübergehend gespeicherten Niederschlages, ausgedrückt als Wasserhöhe über einer horizontalen Fläche).

Abb. 8.4: Interzeption – Bilanzen (nach BAUMGARTNER/LIEBSCHER 1990, S. 314 f.).

Abfluss: Das Niederschlagswasser, das nicht durch Verdunstung dem Flusssystem entzogen wurde, kommt nach mehr oder weniger langem Verweilen in Speichersystemen zum Abfluss, welcher als Volumen pro Zeiteinheit (Q: m³/s) angegeben wird. Um unterschiedliche Gebiete vergleichbar zu machen, wird die Abflussmenge als Abflussspende angegeben. (q: l/s · km²). q = Q / F_E

Q = Abflussmenge (m³/s); F_E = Fläche des Einzugsbietes (km²).

Die **Abflussmessung** (ausführlich behandelt bei SCHMIDT 1984, WECHMANN 1964) ist abhängig von der Größe des Gewässers und auch von dem Genauigkeitsanspruch.

Messung des Oberflächenabflusses

119

Wasser-stände in cm	Ab-flüsse in $m^3 \cdot s^{-1}$	Abfluss-spenden in $l \cdot km^{-2} \cdot s^{-1}$	Erläuterungen
HHW	HHQ	Hhq	Der höchste, jemals gemessene Wert
HW	HQ	Hq	der höchste Wert in einem betrachteten Zeitraum
MHW	MHQ	Mhq	Das arithmetische Mittel der Höchstwerte aus einzelnen Jahren einer ausgewählten Beobachtungsdauer (Jahresreihen, z. B. 1928-1983)
HW_X	HQ_X	Hq_X	Jener Wasserstand mit einer statistischen Wiederkehrperiode von x Jahren, z. B. 10-, 50-, 100-jähriges Hochwasser
MW	MQ	Mq	Arithmetisches Mittel aller Hauptbeobachtungen im betrachteten Zeitraum einer festgelegten Reihe von Jahren
MNW	MNQ	Mnq	Das arithmetische Mittel der niedrigsten Werte aus den einzelnen Jahren einer ausgewählten Beobachtungsdauer (Jahresreihen)
NW_X	NQ_X	Nq_X	Jener Niedrigwasserabfluss mit einer statistischen Wiederkehrperiode von x Jahren (s.o.). Hat Bedeutung z.B. für zulässige Abwassereinleitungen
NW	NQ	Nq	Niedrigster Wert in einem betrachteten Zeitraum
NNW	NNQ	Nnq	Der niedrigste, jemals gemessene Wert

Abb. 8.5: Hauptwerte des Abflusses (nach WILHELM 1997, S. 64).

Volumetrische Messung (bei geringen Abflüssen): Das Wasser wird in einem bekannten Zeitintervall in einem Behälter aufgefangen.

Schwimmermessung: (ungenaue Messung, für grobe Orientierung geeignet): Oberflächenschwimmer wie Holzkugeln oder Tiefenschwimmer (beschwerte Stäbe oder durch Gewichte ausgewogene Flaschen) werden an mehreren Punkten der Wasserspiegelbreite abgelassen und die Zeit bis zum Durchgang durch die unterhalb liegenden Querschnitte gemessen. Bei Oberflächenschwimmern ist eine Korrektur notwendig, da die Fließgeschwindigkeit an der Oberfläche größer ist, als die Durchschnittsgeschwindigkeit.

Messflügel: Ein Gerät, das die Fließgeschwindigkeit des Wassers an einer bestimmten Stelle des Abflussquerschnittes als Funktion der Drehzahl der Flügelwelle ermittelt. Es sind Vielpunktmessungen erforderlich, die Fließgeschwindigkeit wird durch Berechnen einer Geschwindigkeitsfläche ermittelt.

Messwehre (für kleine und mittlere Gewässer geeignet): In das Gewässerbett wird ein Wehr eingebaut, die Überfallhöhe bildet das Maß für die Abflussmenge, die nach Konstruktion des Wehres berechnet wird.

Markierungsstoffe: Der Fluss wird mit einem Markierungsstoff geimpft und das Auftreten der Impfung flussabwärts zur Geschwindigkeitsberechnung genutzt.

Pegel: Durch Pegel wird der Wasserstand größerer Flüsse gemessen, aus diesem Wert wiederum, dem Querschnitt des Flussbettes und der Fließgeschwindigkeit kann der Abfluss berechnet werden. Aus der Korrelation von Wasserständen und der Abflussmenge wird eine Abflusskurve erstellt, die es erlaubt, für jeden Wasserstand eine zugehörige Abflussmenge zuzuordnen.

Die einzelnen Abflussmessungen gehen in die **Hauptwerte eines Flusssystems** ein. Aus den Abflusswerten werden **Ganglinien** gezeichnet, die eine grafische Darstellung der Abflusswerte verkörpern und nach der Eintrittszeit geordnet werden. Die Ganglinien kennzeichnen Abflussregime und einzelne Abflussereignisse.

Abflussganglinien, die das Abflussverhalten eines Gebietes kennzeichnen, werden erstellt, indem für ein bestimmtes oberirdisches Einzugsgebiet ein gleichmäßig verteilter, konstanter, effektiver Niederschlag einer bestimmten Höhe und Dauer zugrunde gelegt wird. Nimmt der effektive Niederschlag eine Höhe von 1 mm/Zeiteinheit an, so wird diese charakteristische Ganglinie als **Einheitsganglinie (unit-hydrograph)** bezeichnet.

Hochwasser: Für eine kurzfristige Hochwasservorhersage wird das **Vorpegelverfahren** angewandt, wobei die Werte der Pegel im Oberlauf zu Vorhersagen im Unterlauf genutzt werden. Über die Einheitsganglinien eines Flusssystems können mit der Annahme eines linearen Zusammenhanges zwischen effektivem Niederschlag und der Einheitsganglinie die Auswirkungen von Niederschlägen und damit Hochwasservorhersagen errechnet werden. Darüber hinaus gibt es multivariate parametrische Modelle zur Schätzung von Hochwasserabflüssen.

Sediment: Die **Schwebstoffe** in einem Flussgewässer werden mit einem Kippgerät, das unter Wasser umgekippt wird, sich mit Wasser füllt und durch einen aufschwimmenden zylindrischen Deckel verschlossen wird, entnommen.

Messung des Transportmaterials

Die Lösungskonzentration wird über die elektrische Leitfähigkeit erfasst.

Geschiebe werden mit einer Sandfalle – einem flussaufwärts offenen Kasten, der an der oberen Fläche durch Klappen verschließbare Öffnungen hat, durch die das einlaufende Wasser austritt und die sich beim Hochziehen schließen – ermittelt. Für größere Geschiebe wird ein kastenförmiges Gestell verwandt, das außer an der Seite des zuströmenden Wassers mit Drahtgeflecht überzogen ist. Das Geschiebe sammelt sich im Kasten.

Aus den Parametern **Einzugsgebiet, Abfluss und Sediment** sind unterschiedliche **multivariate Beziehungen** aufgestellt worden.

8.3 Fallstudie: Gewässergüte

Quellbäche und Oberläufe von Fließgewässern sind unbelastet bis gering belastet. Durch **Schadstoffeintrag** und die **Einleitung von Abwässern** kommt es zu Belastungen, die im Rahmen der biologischen Selbstreinigung reduziert werden. Die **Wassergüte** kann bei Fließgewässern und bei Standgewässern nach chemischen und biologischen Methoden beurteilt werden.

Güte-klasse	Grad der Belastung	Saprobien-index	BSB₅	NH₄-N in mg/l	O₂-Minimum in mg/l
I	unbelastet bis sehr gering belastet	$1{,}0 - < 1{,}5$	< 1	Spuren	> 8
I – II	gering belastet	$1{,}5 - < 1{,}8$	< 2	um 0,1	> 8
II	mäßig belastet	$1{,}8 - < 2{,}3$	< 5	$0{,}1 - 0{,}4$	> 6
II – III	kritisch belastet	$2{,}3 - < 2{,}7$	$5 - 10$	< 1	> 4
III	stark verschmutzt	$2{,}7 - < 3{,}2$	$7 - 13$	> 1	> 2
III – IV	sehr stark verschmutzt	$3{,}2 - < 3{,}5$	$10 - 20$	mehrere mg/l	< 2
IV	übermäßig verschmutzt	$3{,}5 - 4{,}0$	> 15	mehrere mg/l	< 2

Abb. 8.6: Parameter zur Gewässergüte (SCHWAB 1995, S. 301).

Messmethoden der Wasserbelastung

Pflanzennährstoffe wie Stickstoff und Phosphor werden mittels Ionenchromatograph analysiert.

Sauerstoffgehalt und Sauerstoffverbrauch zum Abbau organischer Substanzen lassen sich über Biochemischen Sauerstoffbedarf (BSB) ermitteln.

BSB: In einer Wasserprobe wird zunächst mit einer Sauerstoffelektrode der Sauerstoffgehalt gemessen. Dann wird das Wasser bei 20°C ständig gerührt. Nach zwei Tagen (BSB₂) oder nach fünf Tagen (BSB₅) wird ermittelt, wie viel Sauerstoff verbraucht wurde.

Saprobienindex: Dieser errechnet sich aus dem Mittelwert der Saprobienwerte der im Gewässer gefundenen Taxa. Die **Saprobienwerte** zwischen 1–4 sind in der DIN 38410 (1990) in Tabellen zusammengestellt. Die Besiedlungsdichte wird in Häufigkeitsstufen dargestellt und daraus wird der Saprobienindex als Summe der Produkte vom Saprobienwert und der Häufigkeit, geteilt durch die Summe der Häufigkeiten aller Taxa, errechnet.

Güteklasse I: Typische Arten solcher Gewässer sind: Alpenstrudelwurm (Crenobia alpina); Vielaugenstrudelwurm (Polycelis felina); die Steinfliegenlarven der Gattungen Brachyptera, Perlodes und Leuctra sowie die Arten Dinocras cephalotes und Perla marginata; Köcherfliegen der Gattung Silo und die Art Odontocerum albicorne; Käfer der Gattungen Hydraena und Elmis.

Güteklasse I–II: Wirbellose Tiere sind mit vielen Arten in großer Dichte vertreten. Typische Arten sind: Dreieckskopfstrudelwurm (Dugesia gonocephala); Eintagsfliegen der Gattung Ecdyonurus, die Arten Ephemera danica, Paraleptophlebia submarginata und Rhitrogena semicolorata; Steinfliege (Leuctra nigra); Köcherfliegen Plectrocnemia conspersa, Lepidostoma hirtum, Silo pallipes; in größeren Gewässern können die Dicke Flussmuschel (Unio crassus) und die Kahnschnecke (Theodoxus fluviatilis) vorkommen.

Güteklasse II: Typische Tierarten sind in Berglandbächen die Mützenschnecke (Ancylus fluviatilis) und die Eintagsfliegenlarven Ephemerella ignita, Heptagenia flava und Heptagenia sulphurea. Sichere Anzeiger dieser Güteklasse sind: Weißer Strudelwurm (Dendrocoelum lacteum), Vielaugenstrudelwürmer Polycelis nigra und Polycelis tenuis; Schneckenegel (Glossiphonia complanata); Malermuschel (Unio pictorum); Flussflohkrebs (Gammarus roeseli); Eintagsfliegen Caenis spec, und Cloeon dipterum; Wasserkäfer (Helophorus brevipalpis); Köcherfliegen Anabolia nervosa und Hydropsyche spec. In sommerwarmen und schwebstoffreichen Gewässern sind der Süßwasserschwamm Spongilla lacustris und die Moostierchen Fredericella sultana und Plumatella repens als Filtrierer verbreitet.

Güteklasse II–III: Typische Organismen sind: Strudelwurm (Planaria torva); Schnecken Bithynia tentaculata, Physa fontinalis und Radix ovata; Egel Glossiphonia heteroclita und Helobdella stagnalis; Eintagsfliege (Baëtis rhodani); Schlammfliege (Sialis lutaria); Käfer (Platambus maculatus); Moostierchen (Plumatella fungosa).

Güteklasse III: Dauerhafte Fischvorkommen sind hier nicht mehr möglich. Höhere wirbellose Tiere kommen nur mit wenigen Arten, diese aber in großer Besiedlungsdichte vor. Typische Arten sind: Blasenschnecke (Physella acuta); Wenigborster (Lumbriculus variegatus); Egel (Erpobdella octoculata); Wasserassel (Asellus aquaticus).

Güteklasse III–IV: Fische können hier nur noch sehr selten vorkommen. Von höheren Wirbellosen gibt es nur wenige Arten, die sich an den extrem niedrigen Sauerstoffgehalt anpassen konnten: Schlammröhrenwürmer (Tubifex spec.) und Rote Zuckmückenlarven (Chironomus thummi) können in hohen Dichten auftreten.

Güteklasse IV: Fische fehlen ganz, und von den höheren Wirbellosen kommen nur noch die Arten vor, die ihren Sauerstoffbedarf aus der Luft decken können. Charakteristisch sind die Rattenschwanzlarven der Fliegengattung Eristalis, die über ein Atemrohr am Hinterleib an der Wasseroberfläche atmen.

Abb. 8.7: Fallbeispiel für Fauna und Gewässergüte (nach Schwab 1995, S. 301–304).

Fließgewässer:

Methode/Objekt	Inhalt/Kurzcharakteristik/Darstellung	Quelle
1 Wassergüte		
– Saprobität (organische Belastung)		
• Saprobiensystem	Charakterisierung der Wassergüte auf Grundlage der Biozönose (kartographische Darstellung)	BREITIG, VON TÜMPLING 1982, KLEE 1990; FRIEDRICH 1999
• Saprobienindex/Saprobitätsindex	Wasserqualitätsindex auf Grundlage der Organismen des Saprobiensystems u. ihrer relativen Häufigkeit; z.B. Gewässerkarte der Bundesrepublik, Makro- u. Mikroindex	BREITIG, VON TÜMPLING 1982, KLEE 1990, LAWA 1991, DIN 38410, NAGEL 1989, Tab. 7.4
• Wasserbeschaffenheit	Saprobienindex, org. Belastung, Sauerstoff, Salzgehalt, Inhaltsstoffe (kartographische Darstellung)	KLAPPER 1992
• Wasserpflanzen	Wasserqualität, Standortsverhältnisse	BREITIG, VON TÜMPLING 1982, VAN DE WEYER 1999
– Säurezustand	Mess- u. Bewertungssystem; Indikation durch Makrozoobenthos, Diatomeen	BRAUKMANN 1999, CORING 1999
– Salzanzeiger (Halobien)	Charakterisierung der Salzbelastung	BREITIG, VON TÜMPLING 1982, ZIEMANN et al. 1999
2 Diversität		
• Artenfehlbetrag	Nachweis toxischer/anderer Einflüsse (z.B. Salzbelastung, organ. Belastung)	BREITIG, VON TÜMPLING 1982, KLEE 1990
3 Uferstreifen/Aue		
• Uferstreifen an Fließgewässern	Aufsätze verschiedener Autoren zur Bedeutung und Bewertung	DVWK 1990, Deutscher Rat für Landespflege 1989
4 Ökomorphologie		
• Ökomorphologische Gewässerzustandsklassen	ökomorphologische Betrachtung – als Ergänzung zur Gewässergüteeinteilung u. als kartographischer Zusatz zur Wassergütedarstellung	WERTH 1987, KLEE 1990, Tab. 7.3
5 Struktur/Funktion/Organismen/Ganzheitliche Betrachtung		
• Ökologischer Zustand von Fließgewässern	Berücksichtigung zahlreicher Parameter; kartographische Darstellung (1:2000 bis 1:25 000); ständige Weiterentwicklung	LÖLF, LWA 1985, 1993, Deutscher Rat für Landespflege 1989, FRIEDRICH, LACOMBE 1992

Empfohlene Methoden: z. B. LÖLF, LWA (1985, 1993) oder Saprobitätsindizes in Verbindung mit der Methode WERTH (1987) u. a. ganzheitliche Verfahren je nach Ziel

Standgewässer:

Methode/Objekt	Inhalt/Kurzcharakteristik/Darstellung	Quelle
1 Wassergüte		
– Saprobität (organische Belastung)	nur für stark heterotroph geprägte Standgewässer/-teile geeignet (z.B. Abwasserteiche)	
– Trophieerfassung über Organismen	für Trophie existieren kaum der Saprobie-Bestimmung entspr. biol. Verfahren (Ausnahme: Planktonquotient, Makrophyten)	
• Planktonquotienten	Zuordnung zu Trophie-Stufen, nur beschränkte Aussagekraft	BREITIG, VON TÜMPLING 1982
• Makrophytengesellschaften	Seentypisierung nach Trophiestufen und Säure-Basen-Verhältnissen	TGL 27885/01, SUCCOW, KOPP 1985, MELZER 1991, VAN DE WEYER 1999, Tab. 7.7, Tab. 3.1
• Aufwuchsdiatomeen	Trophiebewertung	HOFMANN 1999
• Makrozoobenthos	Indikation der Nichtunterschreitung von Grenzwerten	THIENEMANN 1925
– Trophieerfassung	limitierender Nährstoff	
• Vollenweider-Modell	Trophiezuordnung über Gesamt-Phosphorlast (oder ortho-Phosphat-P) u. hydraulische/morphologische Verhältnisse	VOLLENWEIDER 1976, BENNDORF 1979, RYDING, RAST 1989, Tab. 7.6
– Versauerung und Versauerungsgeschichte	Indikation des pH durch Kieselalgen; Chitinreste von Muschelkrebsen und Zuckmückenlarven in Sedimenten	RENBERG, HELLBERG 1982, CORING 1999, SCHARF, WILHELMY 1999
– Salzanzeiger (Halobien)	siehe Fließgewässer	
2 Diversität (siehe Fließgewässer)		
3 Ufer/Randbereich		
• Ufer/Ausbau	Ufergestaltung/Befestigung	

4 Struktur/Funktion/Organismen/Ganzheitliche Betrachtung

• Fischereibiolog. Seentypen	ökol.-biol. Einschätzung, Leitfische, Morphometrie, Nahrungsnetz, Produktion	BARTHELMES 1981
• Trophic-State-Index-Grundlage:	Gesamtphosphor, Chlorophyll und Sichttiefe	CARLSON 1977, KLAPPER 1992
• Komplexe Trophie-Parameter	Trophiestufen, Grundlage: Nährstoff- (N, P) Chlorophyll-, Sichttiefenverhältnisse; Angabe der Variabilitätsmöglichkeit als Eintrittswahrscheinlichkeit	RYDING, RAST 1989, BERNHARDT, CLASEN 1982, KLEE 1990
• Technischer Standard TGL 27885/01	Trophiegrundlagen: Morphometrie, Hydrographie, Einzugsgebiet, Belastung, Sauerstoff-, Nährstoff-, Produktionsverhältnisse; Nutzungen, spezielle Kriterien, höhere Wasserpflanzen; Bewertung einzeln und integrativ, dadurch kein Informationsverlust; kartographische Darstellung	TGL 27885/01, KLAPPER 1992, RYDING, RAST 1989, Tab. 7.6
• Richtlinie Seenbewertung (LAWA)	Trophiegrundlagen: Einzugsgebiet, Hydrographie, potenzieller Phosphor-Eintrag; Morphometrie; Chlorophyll, Sichttiefe, Gesamt-P-Gehalt; Referenz- u. Istzustand; Bewertung; kartographische Darstellung	LAWA 1999

Empfohlene Methoden: LAWA 1999, Standgewässerklassifikation TGL 27885/01: umfassend, großes Spektrum von Einflussgrößen berücksichtigend. Die Trophieklassifikation nach TGL 27885/01 ist komplex angelegt, einfach durchzuführen und in der Praxis bewährt. Als Nachteil wird empfunden, dass Unterschiede zwischen Seen und Talsperren keine Berücksichtigung fanden. Weniger empfehlenswert ist die Einstufung nach Salzgehalt und hygienischen Kriterien. Erstere ist den mitunter extrem hohen Salzgehalten in der ehemaligen DDR angepasst, letztere nach heutigen Vorstellungen über Grenzwerte von Gefahrenstoffen in aquatischen Ökosystemen nicht mehr akzeptabel (s. Schwermetalle, PAK, PBSM [Pflanzenbehandlungs-, Schädlingsvernichtungsmittel]).

Quellen: Landesämter für Umwelt, Umweltfachämter, Naturschutzbehörden/-verbände, Wasser-/Talsperrenverbände und -verwaltungen, Fischereibehörden, wissenschaftliche Institute.

Abb. 8.8: Charakterisierung von Wassergüte und Gewässerzustand von fließenden und stehenden Gewässern (nach UHLMANN/HORN 2001, S. 454f.).

9 Ausblick

Die Diskussionen zu nachhaltigen Nutzungen der Georessourcen und zur Abwendung von Gefährdungen aus dem Geobereich stellen täglich neue Anforderungen an die Teilgebiete der Physischen Geographie. Diese erfordern entweder weitere Grundlagenforschungen oder Umsetzungen von Ergebnissen der Grundlagenforschungen für eine praxisrelevante Anwendung.

Mit diesen neuen Fragestellungen werden auch weiterführende Methoden zur Anwendung kommen müssen, so dass die in diesem Buch an Fallbeispielen aufgezeigten Methoden nur eine Momentaufnahme darstellen können.

10 Literatur

AG BODEN (2004): Bodenkundliche Kartieranleitung. 4. Aufl., Hannover.

AG BODEN (2005): Bodenkundliche Kartieranleitung. 5. Aufl., Hannover.

AHNERT, F. (1976): Brief description of a comprehensive three-dimensional process-response model of landform development. In: Zeitschrift für Geomorphologie, Suppl.-Bd. 25, Stuttgart, S. 29–49.

AHNERT, F., WILLIAMS, P. W. (1997): Karst landform development in a three-dimensional theoretical model. In: Zeitschrift für Geomorphologie, Suppl.-Bd. 108, Stuttgart, S. 63–80.

ALBERTZ, J. (2001): Grundlagen der Interpretation von Luft- und Satellitenbildern. Darmstadt.

ALCAMO, J. (Hrsg.) (1994): Image 2.0 Integrated Modelling of Global Climate Change. Dordrecht.

ALTEMÜLLER, H. J. (1974): Mikroskopie der Böden mit Hilfe von Dünnschliffen. In: Freund, H. (Hrsg.): Handbuch der Mikroskopie in der Technik, Bd. IV.2, Frankfurt, S. 309–367.

ARNDT, U., NOBEL, W., SCHWEIZER, B. (1987): Bioindikatoren. Möglichkeiten, Grenzen und neue Erkenntnisse. Stuttgart.

ASCH, K. (1999): Geoinformationssysteme (GIS) in Geowissenschaft und Umwelt. Berlin.

BÄRTELS, A. (1996): Farbatlas Mediterraner Pflanzen. Stuttgart.

BÄRTELS, A. (2003): Tropenpflanzen. 5. Aufl., Stuttgart.

BAHRENBERG, G., GIESE, E., NIPPER, J. (2003): Statistische Methoden in der Geographie. Band 2: Multivariate Statistik. Stuttgart.

BARRY, R. G., CHORLEY, R. J. (1992): Atmosphere, Weather and Climate. 6. Aufl., London.

BARSCH, D., FLÜGEL, W.-A. (1989): Hillslope hydrology – data from the Hollmuth test field near Heidelberg. In: Catena, Suppl.-Bd. 15, Cremlingen, S. 211–227.

BAUMGARTNER, A., LIEBSCHER, H.-J. (1990): Lehrbuch der Hydrologie. Band 1: Allgemeine Hydrologie. Stuttgart.

BECK, R. K. (1996): Schwermetalleinträge in der Tübinger Südstadt – Straßenstaubanalyse und Moss-Bag-Monitoring. (= Tübinger Geographische Studien 116), Tübingen, S. 307–328.

BECK, R. K. (1998): Schwermetalle in Waldböden des Schönbuchs. (= Tübinger Geographische Studien 121), Tübingen.

BECK, R., BURGER, D., PFEFFER K.-H. (1995): Laborskript. (= Kleinere Arbeiten aus dem Geographischen Institut der Universität Tübingen 11), 2. Aufl., Tübingen.

BENDIX, J. (2004): Geländeklimatologie. Studienbücher der Geographie, Stuttgart.

BENNISON, G. M., MOSELEY, K. A. (1997): An introduction to geological map structures. London.

BIBUS, E. (1980): Zur Relief-, Boden- und Sedimententwicklung am unteren Mittelrhein. (= Frankfurter Geowissenschaftliche Arbeiten, Serie D, Bd. 1), Frankfurt a. M.

BIBUS, E., KALLINICH, J., TERHORST, B. (2001): Dating methods for mass movements studied by the MABIS Project. In: Zeitschrift für Geomorphologie, Suppl.-Bd. 125, Stuttgart, S. 153–162.

BISCHOFF, W.-A., KÖHLER, S., KAUPENJOHANN, M. (2001): Variabilität flächenhafter Austräge von Nitrat unter landwirtschaftlicher Nutzung. (= Mitteilungen der Deutschen Bodenkundlichen Gesellschaft 96, H. 1), Oldenburg, S. 61–62.

BLASCHKE, R. et al. (1989): Interpretation geologischer Karten. Stuttgart.

BLOCK, A. et al. (2001): Klimawirkungsforschung im Rahmen des globalen Wandels. In: Huch, M., Warnecke, G., Germann, K. (Hrsg.): Klimazeugnisse der Erdgeschichte. Berlin.

BLÜTHGEN, J., WEISCHET, W. (1980): Allgemeine Klimageographie. 3. Aufl., Berlin.

BLUME, H. (1971): Probleme der Schichtstufenlandschaft. (= Erträge der Forschung 5), Darmstadt.

BLUME, H. (1991): Das Relief der Erde. Ein Bildatlas. Stuttgart.

BLUME, H.-P. (Redaktion) (2002): Handbuch der Bodenuntersuchung: Terminologie, Verfahrensvorschriften und Datenblätter; physikalische, chemische, biologische Untersuchungsverfahren; gesetzliche Regelwerke. Loseblatt-Ausgabe, Berlin.

BÖGLI, A. (1978): Karsthydrographie und physische Speläologie. Berlin.

BOENIGK, W. (1983): Schwermineralanalyse. Stuttgart.

BORGER, H., ROSNER, H. J. (2003): Materialien zur Klimageographie. (= Kleinere Arbeiten aus dem Geographischen Institut der Universität Tübingen 28), 2. Aufl., Tübingen.

BRAUN-BLANQUET, J. (1964): Pflanzensoziologie. 3. Aufl., Berlin.

BREMER, H. (1995): Boden und Relief in den Tropen: Grundvorstellungen und Datenbank. In: Relief, Boden, Paläoklima 11, Stuttgart.

BRUNOTTE, E. et al. (Hrsg.) (2002): Lexikon der Geographie in 4 Bänden. Heidelberg.

BUGGISCH, W., WALLISER, O. H. (2001): Erdgeschichte als Klimageschichte. In: Huch, M., Warnecke, G., Germann, K. (Hrsg.): Klimazeugnisse der Erdgeschichte. Berlin.

BURGER, D. (1989): Der Bleigehalt in Sedimenten der Erftaue bei Kerpen und dessen Korrelation mit dem Bleibergbau im Raum Mechernich. (= Tübinger Geographische Studien 98), Tübingen, S. 285–300.

BURGER, D. (1992): Quantifizierung quartärer subtropischer Verwitterung auf Kalk. In: Relief, Boden, Paläoklima 7, Stuttgart.

DIERCKE WELTATLAS (2002): Atlas, Klimakarten. Braunschweig, S. 222f.

DIERSCHKE, H. (1994): Pflanzensoziologie. Stuttgart.

DIERSSEN, K. (1990): Einführung in die Pflanzensoziologie. Darmstadt.

DIKAU, R., SAURER, H. (Hrsg.) (1999): GIS for Earth Surface Systems. Stuttgart.

DIKAU, R., SCHMIDT, K.-H. (Hrsg.) (2001): Mass movements in South, West and Central Germany. In: Zeitschrift für Geomorphologie, Suppl.-Bd. 125, Stuttgart.

DIN 38410 (1990): Teil 2. Biologisch-ökologische Gewässeruntersuchung (Gruppe M). Bestimmung des Saprobienindex. Berlin.

DONGES, A., NOLL, R. (2002): Lasermeßtechnik – Grundlagen und Anwendung. Heidelberg.

DONGUS, H.-J. (1965): Die Weißjura-Beta-Schichtfläche in Schwaben. In: Jahresheft des Geologischen Landesamtes Baden-Württemberg 7, Freiburg i. Breisgau, S. 475–492.

DREYBRODT, W. (2004): Erosion rates: Theoretical models. In: Gunn, J. (Hrsg.): Encyclopedia of Caves and Karst Science. London, S. 323–325.

DUTTMANN, R. (1999): Geographische Informationssysteme (GIS) und raumbezogene Prozessmodellierungen in der Angewandten Landschaftsökologie. In: Schneider-Sliwa, R. et al. (Hrsg.): Angewandte Landschaftsökologie. Berlin, S. 181–199.

EHLERS, J. (1994): Allgemeine und historische Quartärgeologie. Stuttgart.

EITEL, B. (2001): Bodengeographie. 2. Aufl., Braunschweig.

ELLENBERG, H. (1996): Vegetation Mitteleuropas mit den Alpen in ökologischer, dynamischer und historischer Sicht. 5. Aufl., Stuttgart.

ELLENBERG, H. et al. (1992): Zeigerwerte von Pflanzen in Mitteleuropa. In: Scripta Geobotanica 18, 2. Aufl., Göttingen.

ERIKSEN, W. (1975): Probleme der Stadt- und Geländeklimatologie. (= Erträge der Forschung 35), Darmstadt.

FAO-UNESCO (1988): Soil map of the world. Revised Legend. Food and Agriculture Organisation of the United Nations, Rom.

FAO-UNESCO (1991): Guidelines for Distinguishing Soil Subunits in the FAO/UNESCO/ISRIC Revised Legend. In: World Soil Resources Report 60, 3. Draft, Rom.

FLOHN, H. (1950): Neue Anschauungen über die allgemeine Zirkulation und ihre klimatische Bedeutung. In: Erdkunde 4, Bonn, S. 141–162.

FORD, D., WILLIAMS, P. (1989): Karst Geomorphology and Hydrology. London.

FRANKE, G. (1994, 1995): Nutzpflanzen der Tropen und Subtropen. 3 Bd. Stuttgart.

FRISCH, W., MESCHEDE, M. (2005): Plattentektonik. Darmstadt.

GANSEN, R. (1972): Bodengeographie. 2. Aufl., Stuttgart.

GEYH, M. A. (2005): Handbuch der physikalischen und chemischen Altersbestimmungen. Darmstadt.

GLASER, R. (2001): Klimageschichte Mitteleuropas. Darmstadt.

GRABAUM, R., MEYER, B. C. (1999): The application of GIS for landscape ecological assessments and multicriteria optimization for a test side near Leipzig. In: Dikau, R., Saurer, H. (Hrsg.): GIS for Earth Surface Systems. Stuttgart, S. 91–108.

GRANDJOT, W. (1991): Reiseführer durch das Pflanzenreich der Tropen. 33. Aufl., Jena.

GRÜNINGER, W. et al. (1984): Flechten, Fichten und Luftqualität in Reutlingen. Reutlingen.

GRUND, A. (1914): Der geographische Zyklus im Karst. In: Zeitschrift der Gesellschaft für Erdkunde zu Berlin 52, Berlin, S. 621–640.

GUNN, J. (Hrsg.) (2004): Encyclopedia of Caves and Karst Science. London.

HAEUPLER, H., MUER, TH. (2000): Bildatlas der Farn- und Blütenpflanzen Deutschlands. Stuttgart.

HAGEL, J. (1998): Geographische Interpretation topographischer Karten. Stuttgart.

HASERODT, K. (1965): Untersuchungen zur Höhen- und Altersgliederung der Karstformen in den nördlichen Kalkalpen. In: Münchner Geographische Hefte 27, München.

HAUG, T., REINECKE, H.-J. (1990): Gammaspektrometrische Bestimmung von Radionukliden Cs-137 und Cs-134 in Umweltproben. (= Tübinger Geowissenschaftliche Arbeiten, Reihe C, Bd. 7), Tübingen, S. 3–20.

HEINRICHS, H. (1990): Praktikum der analytischen Geochemie. Heidelberg.

HELLMANN, H. (1999): Lehrbuch der Hydrologie. Bd. 2: Qualitative Hydrologie – Wasserbeschaffenheit und Stoff-Flüsse. Stuttgart.

HERRMANN, R. (1977): Einführung in die Hydrologie. Stuttgart.

HILBIG, W., KLOTZ, S., SCHUBERT, R. (2001): Bestimmungsbuch der Pflanzengesellschaften Deutschlands. Heidelberg.

HOBOHM, C. (2000): Biodiversität. Wiebelsheim.

HUCH, M. (2001): Der Mensch als Störfaktor im System Erde. In: Huch, M., Warnecke, G., Germann, K. (Hrsg.): Klimazeugnisse der Erdgeschichte. Berlin.

HUCH, M., WARNECKE, G., GERMANN, K. (2001): Klimaforschung: Die Erde als Klima-Archiv nutzen. In: Huch, M., Warnecke, G., Germann, K. (Hrsg.): Klimazeugnisse der Erdgeschichte. Berlin.

HÜBSCHMANN, H. J. (2001): Handbook of GC/MS. Weinheim.

HÜTTERMANN, A. (1993): Karteninterpretation in Stichworten. Teil 1: Geographische Interpretation topographischer Karten. Stuttgart.

JACOBEIT, J. et al. (1999): European Surface Pressure Pattern for Months with Outstanding Climatic Anomalies during the Sixteenth Century. In: Climatic Change 43 (1), Heidelberg, S. 201–221.

JACOMET, S., KREUZ, S. (1999): Archäobotanik. Aufgaben, Methoden und Ergebnisse vegetations- und agrargeschichtlicher Forschung. Stuttgart.

JONGMANN, R. H. G., TER BRAAK, C. J. F., VAN TONGEREN, O. F. R. (Hrsg.) (1987): Data analysis and landscape ecology. Wageningen.

KAPPAS, M. et al. (Hrsg.) (2003): Nationalatlas Bundesrepublik Deutschland. Bd. 3: Klima, Pflanzen und Tierwelt. Heidelberg.

KELLER, R. (1961): Gewässer und Wasserhaushalt des Festlandes. Berlin.

KELLER, R. (1980): Hydrologie. (= Erträge der Forschung 143), Darmstadt.

KLINK, H.-J. (1996): Vegetationsgeographie. 2. Aufl., Braunschweig.

KÖBERLE, G. (2005): Umweltprobleme in Karstgebieten. In: Geographische Rundschau 57 (6), Braunschweig, S. 28–33.

KÖPPEN, W. (1936): Das Geographische System der Klimate. In: Köppen, W., Geiger, R. (Hrsg.): Handbuch der Klimatologie. Bd.1, Teil C, Berlin.

KRAFT, G. (1977): Optische Methoden in der chemischen Analyse. Frankfurt a. M.

KUGLER, H. (1964): Die geomorphologische Reliefanalyse als Grundlage großmaßstäbiger geomorphologischer Kartierung. In: Wissenschaftliche Veröffentlichungen des Deutschen Instituts für Länderkunde, Neue Folge 21/22, Leipzig, S. 541–655.

KUGLER, H. (1965): Aufgabe, Grundsätze und methodische Wege für großmaßstäbiges geomorphologisches Kartieren. In: Petermanns Geographische Mitteilungen 109 (4), Gotha, S. 241–257.

KUNTZE, H., ROESCHMANN, G., SCHWERDTFEGER, G. (1994): Bodenkunde. 5.Aufl., Stuttgart.

LANG, G. (1994): Quartäre Vegetationsgeschichte Europas. Jena.

LAUER, W., FRANKENBERG, P. (1988): Klimaklassifikation der Erde. Erläuterungen zur Klimakarte im Diercke-Atlas. In: Geographische Rundschau 40 (6), Braunschweig, S. 55–59.

LAUNERT, E. (1998): Biologisches Wörterbuch. Stuttgart.

LE BLANC, F., DE SLOOVER, J. (1970): Relations between industrialisation and the distribution and growth of epiphytic lichens and mosses in Montreal. In: Canadian Journal of Botany 48, Montreal, S. 1485–1496.

LEHMANN, H. (1987): Beiträge zur Karstmorphologie. In: Erdkundliches Wissen 86, Stuttgart.

LESER, H., PRASUHN, V., SCHAUB, D. (1998): Bodenerosion und Landschaftshaushalt. In: Richter, G. (Hrsg.): Bodenerosion. Darmstadt, S. 97–109.

LESER, H., STÄBLEIN, G. (1975): Geomorphologische Kartierung. (= Berliner Geographische Abhandlungen, Sonderheft), 2. Aufl., Berlin.

LIEDTKE, H., MÄUSBACHER, R., SCHMIDT, K.-H. (Hrsg) (2003): Nationalatlas Bundesrepublik Deutschland. Band 2: Relief, Boden und Wasser. Heidelberg.

LILJEQUIST, G. J., CEHAK, K. (1990): Allgemeine Meteorologie. 3. Aufl., Braunschweig.

LINDSAY, S. (1996): Einführung in die HPLC. Berlin.

LÖFFLER, E., HONECKER, U., STABEL, E. (2005): Geographie und Fernerkundung. Stuttgart.

MAYER, R. (1981): Natürliche und anthropogene Komponenten des Schwermetallhaushaltes von Waldökosystemen. (= Göttinger Bodenkundliche Berichte 70), Göttingen.

MEADOWS, D. H., MEADOWS D. L., RANDERS, J. (1992): Die neuen Grenzen des Wachstums. Stuttgart.

MCCUNE, B., GRACE, J. B. (2002): Analysis of Ecological Communities. Gleneden Beach.

MIOTKE, F.-D. (1972): Die Messung des CO_2-Gehaltes der Bodenluft mit dem Dräger-Gerät und die beschleunigte Kalklösung durch höhere Fließgeschwindigkeiten. In: Zeitschrift für Geomorphologie, Suppl.-Bd. 16, Stuttgart, S. 93–102.

MÜCKENHAUSEN, E. (1985): Die Bodenkunde. 3. Aufl., Frankfurt.

MÜLLER, M. J. (1983): Handbuch ausgewählter Klimastationen der Erde. Forschungsstelle Bodenerosion der Universität Trier Mertesdorf (Ruwertal), Bd. 5, 3. Aufl., Trier.

MÜLLER, P. (1977a): Biogeographie und Raumbewertung. Darmstadt.

MÜLLER, P. (1977b): Tiergeographie. Stuttgart.

OBERDORFER, E. (1990): Pflanzensoziologische Exkursionsflora. 6. Aufl., Stuttgart.

PFEFFER, K.-H. (1978): Karstmorphologie. (= Erträge der Forschung 79), Darmstadt.

PFEFFER, K.-H. (Hrsg.) (1990): Süddeutsche Karstökosysteme – Beiträge zu Grundlagen und praxisorientierten Fragestellungen. (= Tübinger Geographische Studien 105), Tübingen.

PFEFFER, K.-H. (2005): Mediterraner Karst – tropischer Karst. In: Geographische Rundschau 57 (6), Braunschweig, S. 12–18.

PRIESNITZ, K. (1974): Lösungsraten und ihre geomorphologische Relevanz. (= Abhandlungen der Akademie der Wissenschaften zu Göttingen, Math.-Physik. Klasse, 3. Folge, Nr. 29), Göttingen.

REHFUESS, K. E. (1990): Waldböden. (= Pareys Studientexte 29), 2. Aufl., Hamburg.

REICHELT, G., WILMANNS, O. (1973): Vegetationsgeographie. Braunschweig.

RICHTER, G. (Hrsg.) (1998): Bodenerosion. Darmstadt.

RIKLI, M. (1948): Das Pflanzenkleid der Mittelmeerländer. 3 Bd., 2. Aufl., Bern.

SAURER, H., BEHR, F.-J. (1997): Geographische Informationssysteme. Eine Einführung. Darmstadt.

SCHEFFER, F., SCHACHTSCHABEL, P. (2002): Lehrbuch der Bodenkunde. 15. Aufl., Heidelberg.

SCHLICHTING, E., BLUME, H.-P., STAHR, K. (1995): Bodenkundliches Praktikum. (= Pareys Studientexte 81), 2. Aufl., Berlin.

SCHMEIL-FITSCHEN (2003): Flora von Deutschland und angrenzender Länder. 92. Aufl., Wiebelsheim.

SCHMIDT, G. (1969): Vegetationsgeographie auf ökologisch-soziologischer Grundlage. Leipzig.

SCHMIDT, K.-H. (1984): Der Fluß und sein Einzugsgebiet. Wiesbaden.

SCHMIDT, R.-G. (1998): Beobachtung, Messung und Kartierung der Wassererosion. In: Richter, G. (Hrsg.): Bodenerosion. Darmstadt, S. 110–121.

SCHMITHÜSEN, J. (1968): Allgemeine Vegetationsgeographie. 3. Aufl., Berlin.

SCHÖNFELDER, P., SCHÖNFELDER, I. (1994): Kosmos Atlas Mittelmeerflora und Kanarenflora. Stuttgart.

SCHÖNWIESE, C.-D. (1994): Klimatologie. (= Uni Taschenbücher 1793), Stuttgart.

SCHRÖDER, D. (1978): Bodenkunde in Stichworten. 3. Aufl., Kiel.

SCHRÖDER, D., BLUM, W. E. H. (1992): Bodenkunde in Stichworten. 5. Aufl., Stuttgart.

SCHUBERT, R., WAGNER, G. (2000): Botanisches Wörterbuch. 12. Aufl., Stuttgart.

SCHWAB, H. (1995): Süßwassertiere. Stuttgart.

SCHWARZBACH, M. (1974): Das Klima der Vorzeit. Stuttgart.

SCHWEDT, G. (1996): Taschenatlas der Analytik. Stuttgart.

SEMMEL, A. (1972): Geomorphologie der Bundesrepublik Deutschland. In: Erdkundliches Wissen 30, Stuttgart.

SEMMEL, A. (1985): Periglazialmorphologie. (= Erträge der Forschung 231), Darmstadt.

SEMMEL, A. (1991): Relief, Gestein, Boden. Grundlagen der Physischen Geographie I. Darmstadt.

SEMMEL, A. (1993): Grundzüge der Bodengeographie. 3. Aufl., Stuttgart.

STORCH, V., WELSCH, U. (1994): Kurzes Lehrbuch der Zoologie. 7. Aufl., Stuttgart.

STRASBURGER (2002): Lehrbuch der Botanik. 35. Aufl., Heidelberg.

THEIN, S. (2000): Massenverlagerungen an der Schwäbischen Alb. Statistische Vorhersagemodelle und regionale Gefährdungskarten unter Anwendung eines Geographischen Informationssystems. (= Tübinger Geowissenschaftliche Arbeiten, Reihe D, Bd. 6), Tübingen.

THOMAS, M. F. (1994): Geomorphology in the tropics. Chichester.

TRICART, J. (1972): Cartographie Géomorphologique. In: Travaux de la RCP 77, Mémoires et Documents, NS 12, Paris, S. 1–267.

TROLL, C., PAFFEN, K. (1964): Karte der Jahreszeitenklimate der Erde. In: Erdkunde 18, Bonn, S. 5–28.

TUCKER, M. (Hrsg.) (1996): Methoden der Sedimentologie. Stuttgart.

UHLMANN, D., HORN, W. (2001): Hydrobiologie der Binnengewässer. Stuttgart.

UTESCHER, T., MOSBRUGGER, V. (1997): The coexistence approach – a method for quantitative reconstructions of Tertiary terrestrial palaeoclimate data using plant fossils. In: Palaeogeography, Palaeoclimatology, Palaeoecology 134, Amsterdam, S. 61–86.

VOGT, J. (2002): Geländeklimatologie. In: Brunotte, E. et al. (Hrsg.): Lexikon der Geographie. Bd. 2, Heidelberg, Berlin, S. 7.

VOSSMERBÄUMER, H. (1991): Geologische Karten. Stuttgart.

WAGNER, G. A. (1995): Altersbestimmung von jungen Gesteinen und Artefakten. Stuttgart.

WALTER, H. (1973a): Allgemeine Geobotanik. Stuttgart.

WALTER, H. (1973b): Vegetationszonen und Klima. Stuttgart.

WALTER, H., LIETH, H. (1960): Klimadiagramm – Weltatlas. Jena.

WARD, R. C. (1975): Principles of Hydrology. 2. Aufl., Maidenhead.

WECHMANN, A. (1964): Hydrologie. München.

WEFER, G., BERGER, W. H. (2001): Klima und Ozean. In: Huch, M. et al. (Hrsg.): Klimazeugnisse der Erdgeschichte. Berlin, S. 51–107.

WEIß, J. (2001): Ionenchromatographie. 3. Aufl., Weinheim.

WELZ, B., SPERLING, M. (1997): Atomabsorptionsspektroskopie. 4. Aufl., Weinheim.

WILHELM, F. W. (1997): Hydrogeographie. 3. Aufl., Braunschweig.

WILSON, E. O. (1988): Biodiversity. Washington.

WISSMANN, H. v. (1939): Die Klima- und Vegetationsgebiete Eurasiens. In: Zeitschrift der Gesellschaft für Erdkunde zu Berlin 1/2, Berlin, S. 1–14.

WMO (WORLD METEOROLOGICAL ORGANISATION): The global Climate System. Climate System Monitoring. (erscheint fortlaufend), Genf.

ZECH, W., HINTERMAIER-ERHARD, G. (2002): Böden der Welt. Ein Bildatlas. Heidelberg.

ZEPP, H., MÜLLER, M. (Hrsg.) (1999): Landschaftsökologische Erfassungsstandards. In: Forschungen zur Deutschen Landeskunde 246, Flensburg, S. 211–234.

Register

In der Reihe Geowissen kompakt sind bisher erschienen:

Roland Baumhauer
Geomorphologie
2006
VI, 144 S.
ISBN 13: 978-3-534-15635-1
ISBN 10: 3-534-15635-8

Christian Langhagen-Rohrbach
Raumordnung und Raumplanung
2005
X, 131 S.
ISBN 13: 978-3-534-18792-8
ISBN 10: 3-534-18792-X

Verena Meier Kruker/Jürgen Rauh
Arbeitsmethoden der Humangeographie
2005
VII, 182 S.
ISBN 13: 978-3-534-15637-5
ISBN 10: 3-534-15637-4

Weitere Bände sind in Vorbereitung